Grigori Grabovoi

EAM Publishing
Edilma Angel Moyano
Contrato: P527USA
Que otorga el derecho a utilizar las marcas GRABOVOI®
GRIGORI GRABOVOI®, para ediciones

Derechos de autor © 2021 Dr. Grigori Grabovoi®

ISBN – 13: 979-8702446363

Traducción del ruso al inglés por: IRINA MOKRUSHINA
Del Ingles al español por: Edilma Angel
Revisado por Francoise Silva,
Licenciada en Química

Carátula © D'har Services Editorial
ID: Illustration 14630830 © Michael Brown

La obra "Normalización de la composición de elementos químicos a través de la concentración en los números" fue creada por Grabovoi Grigori Petrovich en 2001, en Rusia. Perfeccionado por Grabovoi G.P. 2013

Grabovoi G.P.

Normalización de la composición de los elementos químicos a través de la concentración en los números. – Hungría: EHL Development Kft., 2013.

NORMALIZACIÓN DE LA COMPOSICIÓN DE LOS ELEMENTOS QUÍMICOS A TRAVÉS DE LA CONCENTRACIÓN EN NÚMEROS

ÍNDICE

Introducción

Discerniendo; normalizando la composición de los elementos químicos, debe producirse desde la perspectiva, que la concentración en los números normaliza la composición de los elementos químicos, para la norma de la salud y la vida eterna. Al mismo tiempo, es necesario incluir la información en este pensamiento: Al concentrarse en los números correspondientes a los elementos químicos, el estado de la realidad física se normaliza debido al hecho, que la radiación de tu pensamiento puede afectar a los sistemas de ondas de átomos «electrónicas» de elementos químicos, que interactúan con la información de la realidad física.

Para entender por qué la sustancia que observas se crea de la manera en que puedes verla y no de ninguna otra manera, necesitas tratar de conectar en tu consciencia tanto una forma de la información correspondiente a la sustancia y la realidad física que rodea la sustancia, y a ti.

Así es como se puede entender el lugar de los elementos químicos, que componen el objeto que observas en la construcción absoluta del mundo, es decir, desde el punto de vista del Creador.

La percepción de tal ubicación de un elemento químico en el espacio de tu consciencia te permite sentir una profunda belleza del mundo y controlar armoniosamente las propiedades de los elementos químicos, en la dirección de asegurar la norma de la salud y los acontecimientos en la vida eterna tuya y todos los demás.

Un elemento químico es una colección de átomos con la carga idéntica del núcleo y el número de protones que coincide con el número de serie (atómico) en la tabla periódica. Cada elemento químico tiene su propio nombre y símbolo, que se dan en la tabla periódica de elementos de Mendeléyev.

La forma de la existencia de los elementos químicos en la normalización de la composición de la concentración de elementos químicos en el conjunto libre de números son sustancias simples (los elementos únicos).

Actualmente, se conocen 117 elementos, 89 de ellos se encuentran en la naturaleza (en la Tierra), los otros se obtienen de la manera artificial.

En cumplimiento de la Lista de elementos químicos de la tabla de Mendeléyev, es posible hacer la normalización de tal manera, que al considerar la interacción de un elemento químico con el entorno macro, y normalizar todo el entorno macro a través de la consciencia con un elemento químico. Por lo tanto, el peso atómico es un sistema de control en este caso, que tiene las características fijas y medidas. Y, si se tiene en cuenta el sistema externo de las conexiones de información correspondientes al peso atómico, entonces en un cierto nivel se cruza la información del peso atómico con la información del entorno externo, hay ciertos cambios en la estructura de la información correspondiente a ese, que la concentración en un número, que se construye en el sistema de compuestos de tal manera, que normaliza una situación en torno a un elemento químico, que conduce a la normalización de una situación, en general.

Es decir, el principio de control aquí, es el principio de uso del área remota de la consciencia, cuando la concentración en el otro valor en la consciencia conduce a la normalización tanto en ese valor, como en todo. Es posible imaginar, que hay información en el espacio de percepción, que corresponde a un elemento químico, y hay un área, que corresponde al compuesto de este elemento químico con los eventos externos, y la concentración en esta área se hará precisamente en este sistema de concentraciones a través de la masa atómica.

Para unir el control a la masa atómica, será necesario visualizar un aumento o una disminución en la masa atómica. Además, habrá tanto la normalización de toda la realidad exterior, como la normalización de las características en el elemento muy químico.

LISTA DE ELEMENTOS QUÍMICOS EN LA TABLA DE MENDELÉYEV

La normalización de los elementos químicos, dada en la lista de elementos químicos, para asegurar la norma de la salud y la vida eterna, se lleva a cabo mediante la visualización de una cierta masa atómica en el área del espíritu y la consciencia o un cambio mental de la masa atómica.

1. H Hidrógeno (m.a. 1.00794) – para el hidrógeno, es necesario visualizar la masa atómica igual **0.9**.
2. He Helio (m.a. 4.002602) – para el helio, es necesario visualizar la masa atómica igual **3.7**.
3. Li Litio (m.a. 6.9412) – para el litio, es necesario visualizar que este elemento químico tiene un número de serie 2, y la masa atómica es **7.35**.
4. Be Berilio (m.a. 9.0122) – para el berilio, es necesario visualizar mentalmente que su masa atómica es igual a **8**.
5. B Boro (m.a. 10.812) – para el boro, es necesario reducir mentalmente la masa atómica hasta **9**.
6. C Carbono (m.a. 12.011) – para el carbono, es necesario aumentar mentalmente la masa atómica hasta **13.1**.
7. N Nitrógeno (m.a. 14.0067) – para el nitrógeno, es necesario reducir mentalmente la masa atómica hasta **13.78**.
8. O Oxígeno (m.a. 15.9994) – para el oxígeno, es necesario aumentar mentalmente la masa atómica a **16.8**.
9. F Flúor (m.a. 18.9984) – para el flúor es necesario reducir mentalmente la masa atómica hasta **17**.
10. Ne Neón (m.a. 20.179) – para el neón, es necesario reducir mentalmente la masa atómica a **15**.
11. Na Sodio (m.a. 22.98977) – para el sodio, es necesario imaginar que el número de serie para sodio es **9**, y la masa atómica disminuyó a **21** por medio de una acción de pensamiento.
12. Mg Magnesio (m.a. 24.305) – para magnesio, es necesario

visualizar mentalmente, que la masa atómica disminuyó a **20**.

13. Al Aluminio (m.a. 26.98154) – para aluminio, es necesario visualizar mentalmente, que la masa atómica disminuyó a 25 y luego disminuirla por la acción del alma, la luz del alma a **1**.

14. Si Silicio (m.a. 28.086) – para el silicio, es necesario reducir mentalmente la masa atómica a **27**.

15. P Fósforo (m.a. 30.97376) – para el fósforo, es necesario reducir mentalmente la masa atómica a **28**.

16. S Azufre (m.a. 32.06) – para el azufre, es necesario reducir mentalmente la masa atómica a **30.97**.

17. Cl Cloro (m.a. 35,453) – para el cloro, es necesario reducir mentalmente la masa atómica a **30**.

18. Ar Argón (m.a. 39.948) – para el argón, es necesario reducir mentalmente la masa atómica a **31**.

19. P Potasio (m.a. 39.0983) – para el potasio, es necesario aumentar mentalmente la masa atómica a **43**.

20. Ca Calcio (m.a. 40.08) – para el calcio, es necesario reducir mentalmente la masa atómica a **39.89**.

21. Sc Escandio (m.a. 44.9559) – para escandio, es necesario reducir mentalmente la masa atómica a **43**.

22. Ti Titanio (m.a. 47.9) – para titanio, es necesario reducir mentalmente la masa atómica a **41**.

23. V Vanadio (m.a. 50.9415) – para el vanadio, es necesario reducir mentalmente la masa atómica a **49**.

24. Cr Cromo (m.a. 51.996) – para el cromo, es necesario reducir mentalmente la masa atómica a **51.8**.

25. Mn Manganeso (m.a. 54.938) – para el manganeso, es necesario reducir mentalmente la masa atómica a **53**.

26. Fe Hierro (m.a. 55.847) – para el hierro, es necesario reducir mentalmente la masa atómica a **54**.

27. Co Cobalto (m.a. 58.9332) – para el cobalto, es necesario aumentar mentalmente la masa atómica a **60**.

28. Ni Níquel (m.a. 58.7) – para el níquel, es necesario reducir mentalmente la masa atómica a **51.8**.

29. Cu Cobre (m.a. 63.546) – para el cobre, es necesario reducir mentalmente la masa atómica a **63.3**.

30. Zn Cinc (m.a. 65.38) – para el Cinc, es necesario reducir

mentalmente la masa atómica a **63.8.**

31. Ga Galio (m.a. 69.72) – para el galio, es necesario reducir mentalmente la masa atómica a **65**.

32. Ge Germanio (m.a. 72.59) – para el germanio, es necesario aumentar la masa atómica a **73.**

33. As arsénico (m.a. 74.9216) – para el arsénico, es necesario reducir la masa atómica a **61.**

34. Se Selenio (m.a. 78.96) – para el selenio, es necesario reducir la masa atómica a **75.**

35. Br Bromo (m.a. 79.904) – para el bromo, es necesario reducir mentalmente la masa atómica a **70.**

36. Kr Kriptón (m.a. 83.8) – para Kriptón, es necesario reducir mentalmente la masa atómica a **80**.

37. Rb Rubidio (m.a. 85.4678) – para el rubidio, es necesario reducir mentalmente la masa atómica a **81**.

38. Sr Estroncio (m.a. 87.62) – para el estroncio, es necesario reducir mentalmente la masa atómica a **86.1**.

39. Y Itrio (m.a. 88.9059) – para Itrio, es necesario aumentar mentalmente la masa atómica a **89**.

40. Zr Zirconio (m.a. 91.20) – para el circonio, es necesario aumentar la masa atómica mentalmente a **92.2.**

41. Nb Niobio (m.a. 92.9064) – es necesario reducir la masa atómica mentalmente a **91**.

42. Mo Molibdeno (m.a. 95.94) – es necesario reducir mentalmente la masa atómica a **90**.

43. Tc Tecnecio (m.a. 98.9062) – es necesario reducir mentalmente la masa atómica a **94.**

44. Ru Rutenio (m.a. 101.07) – es necesario reducir mentalmente la masa atómica a **100**.

45. Rh Rodio (m.a. 102.9055) – la masa atómica debe reducirse mentalmente a **100**.

46. Pd Paladio (m.a. 106.4) – la masa atómica debe aumentarse mentalmente a **107.8.**

47. Ag Plata (m.a. 107.868) – la masa atómica necesita ser aumentada mentalmente a **109**.

48. Cd Cadmio (m.a. 112.41) – la masa atómica debe reducirse mentalmente a **110**.

49. En Indio (m.a. 114.82) – la masa atómica debe reducirse mentalmente a **112**.

50. Sn Estaño (m.a. 118.69) – la masa atómica debe reducirse mentalmente a **115**.

51. Sb Antimonio (m.a. 121.75) – la masa atómica debe reducirse mentalmente a **119**.

52. Te Telurio (m.a. 127.6) – la masa atómica debe reducirse mentalmente a **120**.

53. Yo Yodo (m.a. 126.9045) – la masa atómica necesita ser reducida mentalmente a **121**.

54. Xe Xenón (m.a. 131.3) – la masa atómica debe aumentarse mentalmente a **134**.

55. Cs Cesio (m.a. 132.9054) – la masa atómica debe reducirse mentalmente a **131.980**.

56. Ba Bario (m.a. 137.33) – la masa atómica debe reducirse mentalmente a **135**.

57. La Lantano (m.a. 138.9) – la masa atómica debe reducirse a **130** mentalmente.

58. Ce Cerio (m.a. 140.12) – la masa atómica debe reducirse mentalmente a **135**.

59. Pr Praseodimio (m.a. 140.9) – la masa atómica debe reducirse mentalmente a **139**.

60. Nd Neodimio (m.a. 144.24) –es necesario reducir mentalmente la masa atómica a **111**.

61. Pm Prometio (m.a. 145) – la masa atómica debe reducirse mentalmente a **8**.

62. Sm Samario (m.a. 150.35) – la masa atómica debe reducirse mentalmente a **19**.

63. Eu Europio (m.a. 151.96) – la masa atómica debe reducirse mentalmente a **151**.

64. Gd Gadolinio (m.a. 157.25) – la masa atómica debe aumentarse mentalmente a **158**.

65. Tb Terbio (m.a. 158.92) – la masa atómica necesita ser aumentada mentalmente a **159**.

66. Dy Disprosio (m.a. 162.5) – la masa atómica necesita ser aumentada mentalmente a **163**.

67. Ho Holmio (m.a. 164.93) – la masa atómica necesita ser

aumentada mentalmente a **166.**

68. Er Erbio (m.a. 167.26) – la masa atómica necesita ser aumentada mentalmente a **168.**

69. Tm Tulio (m.a. 168.93) – la masa atómica necesita ser aumentada mentalmente a **170.**

70. Yb Iterbio (m.a. 173.04) – la masa atómica debe aumentarse mentalmente a **175**.

71. Lu Lutecio (m.a. 174.97) – la masa atómica necesita ser aumentada mentalmente a **176.**

72. Hf Hafnio (m.a. 178.49) – la masa atómica debe aumentarse mentalmente a **180.**

73. Ta Tantalio (m.a. 180.9479) – la masa atómica debe reducirse mentalmente a **179.**

74. W Wolframio (m.a. 183.85) – la masa atómica necesita ser reducida mentalmente a **175.**

75. Re Renio (m.a. 186.207) – la masa atómica debe reducirse mentalmente a **179.**

76. Os Osmio (m.a. 190.2) – la masa atómica debe reducirse mentalmente a **170.8.**

77. Ir Iridio (m.a. 192.22) –es necesario reducir la masa atómica mentalmente a **4.**

78. Pt Platino (m.a. 195.09) – la masa atómica necesita ser aumentada mentalmente a **197.**

79. Au Oro (m.a. 196.9665) – la masa atómica necesita ser reducida mentalmente a **194.**

80. Hg Mercurio (m.a. 200.59) – la masa atómica necesita ser aumentada mentalmente a **203.4.**

81. Tl Talio (m.a. 204.37) – la masa atómica necesita ser reducida mentalmente a **150.1.**

82. Pb Plomo (m.a. 207.2) – la masa atómica debe reducirse mentalmente a **145.**

83. Bi Bismuto (m.a. 208.9) – la masa atómica debe reducirse mentalmente a **181.**

84. Po Polonio (m.a. 209) – la masa atómica debe reducirse mentalmente a **180.**

85. En Ástato (m.a. 210) – la masa atómica necesita ser reducida mentalmente a **209.**

86. Rn Radón (m.a. 222) – la masa atómica necesita ser reducida mentalmente a **220.**

87. P. Francio (m.a. 223) – la masa atómica debe reducirse mentalmente a **214.**

88. Ra Radio (m.a. 226) – la masa atómica debe reducirse mentalmente a **14.**

89. Ac Actinio (m.a. 227) – la masa atómica debe reducirse mentalmente a **27.**

90. Th Torio (m.a. 232.03) – la masa atómica necesita ser reducida mentalmente a **230.**

91. Pa Protactinio (m.a. 231.03) –es necesario reducir mentalmente la masa atómica a **215**.

92. U Uranio (m.a. 238.02) – la masa atómica debe reducirse mentalmente a **5.8.**

93. Np Neptunio (m.a. 237.04) – la masa atómica debe reducirse mentalmente a **11.8.**

94. Pu Plutonio (m.a. 244.06) – es necesario reducir mentalmente la masa atómica a **0.448.**

95. Am Americio (m.a. 243.06) – la masa atómica necesita ser aumentada mentalmente a **244.**

96. Cm Curio (m.a. 247.07) – la masa atómica necesita ser aumentada mentalmente a **250.**

97. Bk Berkelio (m.a. 247.07) – la masa atómica necesita ser aumentada mentalmente a **255.**

98. Cf Californio (m.a. 251.07) – la masa atómica debe reducirse mentalmente a **251.**

99. Es Einstenio (m.a. 252.08) – la masa atómica necesita ser reducida mentalmente a **250.**

100. Fm Fermio (m.a. 257.08) – la masa atómica debe reducirse mentalmente a **138.**

101. Md Mendelevio (m.a. 258.09) – la masa atómica debe reducirse mentalmente a **150.**

102. Sin Nobelio (m.a. 259.1) – la masa atómica debe reducirse mentalmente a **100.**

103. Lr Lawrencio (m.a. 260.1) – la masa atómica debe reducirse mentalmente a **14.**

104. Rf Rutherfordio (m.a. 261) – la masa atómica debe reducirse

mentalmente a **89.**

105. Db Dubnio (m.a. 262) – la masa atómica debe reducirse mentalmente a **261.**

106. Sg Seaborgio (m.a. 266) – la masa atómica debe reducirse mentalmente a **265.**

107. Bh Bohrio (m.a. 267) – la masa atómica necesita ser reducida mentalmente a **260.**

108. Hs Hasio (m.a. 269) – la masa atómica necesita ser reducida mentalmente a **200.**

109. Mt Meitnerio (m.a. 276) – la masa atómica necesita ser reducida mentalmente a **274.**

110. Ds Darmstadtio (m.a. 227) – es necesario concentrarse en la masa atómica **227** sin reducirla ni aumentarla.

111. Rg Roentgenio (m.a. 280) – la masa atómica necesita ser reducida mentalmente a **279.**

112. Cn Copernicio (m.a. 285) – la masa atómica necesita ser reducida mentalmente a **280.** luego volver al elemento Darmstadtio 110 y aumentar la masa atómica a **228** en él.

113. Uut Ununtrio (m.a. 284) – la masa atómica debe reducirse mentalmente a **280.**

114. Uuq Ununquadio (m.a. 289) – la masa atómica debe reducirse mentalmente a **214.**

115. Uup Ununpentio (m.a. 288) – la masa atómica debe reducirse mentalmente a **218.**

116. Uuh Ununhexio (m.a. 293) – la masa atómica necesita ser aumentada mentalmente a **309.**

117. Uus Ununseptio (m.a. 294) – la masa atómica necesita ser aumentada mentalmente a **301.**

Existen las siguientes tres series, las secuencias numéricas, que normalizan simultáneamente la composición de todos los elementos químicos: **86478194891, 31894754867, 38414756418.**

Luego están las series numéricas correspondientes a los elementos, que normalizan la composición de los elementos químicos para asegurar la vida eterna y la salud normal:

1	H	Hidrógeno	– **51861431742**
2	He	Helio	– **58967131874**
3	Li	Litio	– **54831621987**
4	Be	Berilio	– **31754961879**
5	B	Boro	– **53864121981**
6	C	Carbono	– **89751964871**
7	N	Nitrógeno	– **31854871964**
8	O	Oxígeno	– **53864978988**
9	F	Flúor	– **54831721948**
10	Ne	Neón	– **64975131874**
11	Na	Sodio	– **58432164879**
12	Mg	Magnesio	– **58964838991**
13	Al	Aluminio	– **68939758948**
14	Si	Silicio	– **31874289871**
15	P	Fósforo	– **38969121978**
16	S	Azufre	– **16858973942**
17	Cl	Cloro	– **31684121978**
18	Ar	Argón	– **31968120971**
19	P	Potasio	– **50140960128**
20	Ca	Calcio	– **81049631874**
21	Sc	Escandio	– **53168121989**
22	Ti	Titanio	– **31687121984**
23	V	Vanadio	– **83964721851**
24	Cr	Cromo	– **31842139864**
25	Mn	Manganeso	– **89359121964**
26	Fe	Hierro	– **31851631798**
27	Co	Cobalto	– **01428101979**
28	Ni	Níquel	– **31853621468**

29	Cu	Cobre	– **38459179198**
30	Zn	Cinc o Zinc	– **89353149871**
31	Ga	Galio	– **89354610678**
32	Ge	Germanio	– **31859121978**
33	As	Arsénico	– **36487131851**
34	Se	Selenio	– **34958129717**
35	Br	Bromo	– **36849127858**
36	Kr	Kryptón	– **36489121971**
37	Rb	Rubidio	– **38968536408**
38	Sr	Estroncio	– **37849129874**
39	Y	Itrio	– **89369859391**
40	Zr	Zirconio	– **74854121878**
41	Nb	Niobio	– **89384121916**
42	Mo	Molibdeno	– **19638549871**
43	Tc	Tecnecio	– **31489689758**
44	Ru	Rutenio	– **34968579861**
45	Rh	Rodio	– **83971349871**
46	Pd	Paladio	– **56489357869**
47	Ag	Plata	– **89549359761**
48	Cd	Cadmio	– **31689421758**
49	In	Indio	– **31489731861**
50	Sn	Estaño	– **85364931728**
51	Sb	Antimonio	– **31489121981**
52	Te	Telurio	– **84854121764**
53	I	Yodo o Iodo	– **54874921681**
54	Xe	Xenón	– **31658979871**
55	Cs	Cesio	– **36485421981**
56	Ba	Bario	– **84564971989**
57	La	Lantano	– **31687121948**
58	Ce	Cerio	– **36485421879**
59	Pr	Praseodimio	– **34864121871**

60	Nd	Neodimio	– 31489164878
61	Pm	Prometio	– 36874984981
62	Sm	Samario	– 68974921989
63	Eu	Europio	– 54864121981
64	Gd	Gadolinio	– 53964121981
65	Tb	Terbio	– 89364821989
66	Dy	Disprosio	– 31864721848
67	Ho	Holmio	– 31384961989
68	Er	Erbio	– 34854124871
69	Tm	Tulio	– 68974129871
70	Yb	Iterbio	– 85485149871
71	Lu	Lutecio	– 89564721981
72	Hf	Hafnio	– 31564851971
73	Ta	Tantalio	– 54964121989
74	W	Wolframio	– 56478121978
75	Re	Renio	– 31684951971
76	Os	Osmio	– 53164951981
77	Ir	Iridio	– 69839121981
78	Pt	Platino	– 19564971989
79	Au	Oro	– 19637849681
80	Hg	Mercurio	– 58864129874
81	Tl	Talio	– 54969121978
82	Pb	Plomo	– 48964728968
83	Bi	Bismuto	– 89368121941
84	Po	Polonio	– 38647548989
85	At	Ástato	– 53168939871
86	Rn	Radón	– 38684549861
87	Fr	Francio	– 19636854971
88	Ra	Radio	– 31864121874
89	Ac	Actinio	– 36489129487
90	Th	Torio	– 69354821871

91	Pa	Protactinio	– 34874124898
92	U	Uranio	– 39864154989
93	Np	Neptunio	– 64150106901
94	Pu	Plutonio	– 09873129874
95	Am	Americio	– 89368129318
96	Cm	Curio	– 81384154961
97	Bk	Berkelio	– 53849129178
98	Cf	Californio	– 38456129471
99	Es	Einsteinio	– 34157874198
100	Fm	Fermio	– 44851661749
101	Md	Mendelevio	– 89131421987
102	No	Nobelio	– 31749867149
103	Lr	Lawrencio	– 34854124871
104	Rf	Rutherfordio	– 64974124851
105	Db	Dubnio	– 34964724981
106	Sg	Seaborgio	– 31653171848
107	Bh	Bohrio	– 14854621891
108	Hs	Hasio	– 31489121471
109	Mt	Meitnerio	– 51854261871
110	Ds	Darmstadtio	– 89471489851
111	Rg	Roentgenio	– 58458131978
112	Cn	Copernicio	– 31654831871
113	Uut	Ununtrio*	– 53168121978
114	Uuq	Ununquadio**	– 31489151471
115	Uup	Ununpentio***	– 36849129871
116	Uuh	Ununhexio****	– 31849121989
117	Uus	Ununseptio**** *	– 54967121879

*El **nihonio nihomio** (anteriormente llamado **ununtrio**, símbolo provisional **Uut** En Nov. 2016 es un nuevo elemento por la IUPAC o con símbolo **Tf**) elemento sintético de la tabla periódica.

** **Flerovio** (anteriormente llamado **ununquadio, Uuq** ó **erristeneoerristenio, Eo**) es el nombre de un elemento químico radiactivo con el símbolo **Fl** y número atómico **114**. En honor a Gueorgui Fliórov.

*** El **moscovio** (anteriormente llamado **unumpentio, Uup** o **Ununpentio**) elemento sintético de la tabla periódica cuyo símbolo es **Mc** y su número atómico es **115**.

**** El **livermorio** (anteriormente llamado **ununhexio, Uuh**) es el nombre del elemento sintético de la tabla periódica cuyo símbolo es **Lv** y su número atómico es **116**.

***** El **teneso** (anteriormente llamado **efelio**, y símbolo **Ef**[4] o **ununseptio**, con el símbolo provisional **Uus** hasta su aceptación oficial como nuevo elemento por la IUPAC en noviembre de 2016) es un elemento sintético muy pesado de la tabla periódica de los elementos cuyo símbolo es **Ts**, número atómico **117**. También conocido como eka-astato o simplemente **elemento 117**, es el segundo elemento más pesado creado hasta ahora y el penúltimo del séptimo período en la tabla periódica.

Actualmente se conocen más de 100 mil compuestos inorgánicos y más de 4 millones de compuestos orgánicos.

ELEMENTOS QUÍMICOS, QUE FORMAN PARTE DE UN ORGANISMO HUMANO

La concentración en los siguientes números normaliza los elementos químicos, que se encuentran en un organismo humano: **51821421728**. De todos los elementos de la mesa de Mendeléyev conocidos, más de 80 de esos elementos se encuentran en los organismos vivos. Al concentrarse en este número **80,** también es posible llevar a cabo el control, de una norma de cualquier otro elemento que surge de la norma de cada elemento. Para este propósito, en primer lugar, es necesario colocar mentalmente la figura **8** en el área interna de la figura **0**, luego colocar **0** en la parte interna superior del "ocho", como en un cierto círculo, y en la parte inferior de los "ocho", como en el segundo círculo. Comprima mentalmente los "ocho" con el círculo superior en el círculo inferior y percíbete tú mismo. También es posible percibir a otra persona y fijarle tal norma.

Se podría decir que prácticamente todos los elementos, que están presentes en todo nuestro planeta, se encuentran en los tejidos de un cuerpo físico humano. Por lo tanto, mediante el uso de esta información, es posible llevar a cabo la normalización debido a la norma resonante de un elemento químico dentro de un individuo humano a través de cualquier elemento químico, que se encuentra en el entorno exterior. Y, por lo tanto, es posible eliminar el exceso innecesario de elementos o añadir los elementos necesarios. Es una de las opciones para asegurar la vida humana eterna, utilizando sólo los elementos químicos y la ubicación de estos elementos.

Alrededor de **30** elementos químicos son vitales para la actividad normal de sostenimiento de la vida de un organismo humano. La concentración se puede hacer en este caso, de tal manera que el número **3** se transfiere mentalmente al número **0,** y luego el número **0** se transfiere al segmento superior del número **3**, y es como si cerraras el número "**3**" al parcial "**8**". Al mismo tiempo, la parte inferior del número "**3**" se deja, no cerrar desde el centro de este número. Y, al concentrarse en esta configuración, será posible ver en control la norma de los elementos químicos, que son vitales. La concentración a este nivel de información permite tomar decisiones super rápidas, cuando sea necesario, organizar el pensamiento correcto y preciso en la dirección de los objetivos de la vida eterna y el desarrollo eterno, ya que existe una necesidad en la velocidad del pensamiento durante mucho tiempo con una tarea de vida eterna, y la aplicación de la concentración en los elementos químicos vitales permite organizar el pensamiento correcto durante mucho tiempo.

El papel de estos elementos en los procesos bioquímicos, emanando en el cuerpo humano, está bien estudiado. Excepto algunos, hay obligatorios, los elementos en una pequeña cantidad son como parte de los tejidos del cuerpo, su valor fisiológico no se manifiesta fuertemente. Sin embargo, se pueden estudiar utilizando la estructura de la propia consciencia de tal manera, que para llevar un elemento al nivel correspondiente aproximadamente a la cabeza de un individuo, colocándolo a 15-20 cm de la frente de una persona, para ver cómo los elementos influyen en un organismo en general, o en la estructura del evento.

Cuando hablamos de los elementos químicos, que forman parte de las células, tejidos, órganos, los sistemas de un organismo humano, nos interesa su papel biológico. Es decir, están las áreas para cada elemento en el organismo, en el que están en la cantidad primaria. Hay elementos, que se encuentran en todos los órganos y sistemas del cuerpo físico humano.

Así, dividiendo estas dos áreas de información, es posible ver, que el área de información correspondiente a la presencia primaria de los elementos en el organismo, y el área de información, que corresponde al hecho, que el elemento se incluye en la estructura de todos los órganos y sistemas de un cuerpo físico humano, se cruzan entre sí de tal manera, que forman los "8" en el nivel remoto de consciencia. Y, si investigamos las propiedades de este "8", entonces veremos cómo se organiza el cuerpo físico humano a partir de los elementos químicos, y cómo se crea, procediendo del principio del crecimiento cristalino de la sustancia, es decir, cuando el siguiente elemento está formado por un elemento, por lo tanto, se crea la materia física correspondiente a un objeto vivo. Es posible ver cómo la persona viva, la vida silvestre se crea a partir de los elementos químicos, que pertenecen a la naturaleza inanimada. Este lado de la división de ese nivel, que pertenece a la naturaleza inanimada en los sistemas ortodoxos con el nivel de los vivos, permite ver que, en general, cualquier sistema de información crea vida.

Las propiedades biológicas de los elementos químicos consisten en la posibilidad de que los elementos entren en las reacciones bioquímicas, para mantener los compuestos bioquímicos en las moléculas, por lo tanto, para participar en la síntesis de sustancias, que son necesarias para un organismo, para mantener la constancia del espacio interno de un organismo – equilibrio electrolítico, equilibrio ácido-alcalinos «ácido-base», control térmico de un organismo, el nivel del metabolismo principal y otros.

Estas propiedades biológicas dependen directamente de la estructura de los átomos de estos elementos: el número de protones en ellos, neutrones, electrones, las distribuciones de los electrones alrededor de un núcleo atómico. Un átomo de un elemento químico es su parte más pequeña, que lleva sus propiedades.

Si esta área de información, correspondiente a un átomo, se asigna y distribuye en los segmentos correspondientes a las propiedades precisas, entonces es posible ver, que ese átomo influye en el entorno macro externo, ya que diferentes propiedades de un átomo definen el estado del entorno macro externo, también.

Las ilustraciones se presentarán a tu atención para imaginar la estructura de un átomo de cada elemento químico, y las siguientes secciones del libro también incluyen la estructura de las moléculas de la materia orgánica para cada elemento y para algunas moléculas. Estas ilustraciones permiten llevar a cabo la concentración en los números, normalizando la composición de los elementos químicos de un organismo de forma más intensiva y concreta.

Al percibir estas ilustraciones, será posible ver en ciertos casos, percibir la presencia del color blanco o plateado-blanco, que se fijará durante el trabajo con estas ilustraciones, es aconsejable concentrar periódicamente su atención en estas áreas de color en el campo del dibujo relacionado con la ilustración.

DISTRIBUCIÓN DE ELEMENTOS EN UN ORGANISMO HUMANO

Todos los procesos químicos, que se encuentran en el cuerpo humano, dependiendo de su porcentaje, se dividen condicionalmente en los macro elementos y micro elementos. Es posible visualizar mentalmente el área de los elementos macro y visualizar mentalmente el área de los microelementos. A continuación, trate de mover mentalmente estas dos áreas, una cerca de la otra, y es posible ver que la radiación, que conecta estas dos áreas, forma el cuerpo humano.

Por lo tanto, es posible ver la formación de órganos concretos. En cuanto a la normalización, la restauración de los órganos concretos, esta tecnología puede conducir al hecho, que al decir mentalmente las secuencias numéricas correspondientes a los elementos químicos, es posible ver qué un elemento no está suficientemente en un organismo, por ejemplo, y qué está en exceso, por lo tanto, es necesario normalizar el número de microelementos y elementos macro.

¿Por qué es posible nombrar condicional la división en microelementos y macroelementos? Porque esta división no es un indicador de la importancia de un elemento en un organismo. Muchos micro elementos, a pesar del hecho, que están en una cantidad muy pequeña en el cuerpo humano, tienen un valor fisiológico importante, y la reducción insignificante o aumento en su contenido en los tejidos, o en las células pueden afectar seriamente el estado de salud de un individuo. Por lo tanto, es necesario contemplar atentamente cualquier elemento de control y considerar la influencia de un elemento en todo el organismo. Es decir, visualizar mentalmente todos los elementos, que forman parte de un organismo humano, como en un pedazo de papel peculiar, en el papel Whatman, por así decirlo, que está frente a ti, y observas cómo cada elemento influye en el organismo debido al grado de importancia. Percibirlo como un haz que se mueve de un elemento a su organismo, ilumina las áreas del organismo más fuerte o menos, hace que la luminiscencia de su organismo más o menos sea intensivo. Si afecta más, en consecuencia, el elemento afecta a su organismo más fuerte. Por ejemplo, el microelemento "hierro" comprende alrededor del **0,01%** del peso total de un individuo, pero este elemento **"Fe"** se encuentra en las proteínas destinadas a la transferencia de oxígeno y dióxido de carbono en el organismo. Es decir, precisamente esta parte de una molécula de proteína – hemoglobina, en la que hay un átomo de hierro, puede unir oxígeno a sí mismo, para llevarlo a todas las células y tejidos de un cuerpo físico humano.

Por lo tanto, mediante el uso, por ejemplo, de la concentración en forma de una serie numérica, que corresponde al elemento químico **"Fe",** normalizamos esta estructura en el organismo y, respectivamente, las funciones relacionadas, y por eso, mejoramos el estado de salud. El mismo efecto se obtiene también con las concentraciones relacionadas con los otros elementos químicos, que se encuentran en un organismo humano.

Los elementos macro, a su vez, se pueden dividir condicionalmente en dos grupos.

El primero son los elementos, que forman la base de los compuestos orgánicos: **oxígeno** (62%), **carbono** (21%), **hidrógeno** (10%) y **nitrógeno** (3%). Además, el oxígeno y el hidrógeno se encuentran en el agua. Cuando se considera el control general en términos de la interacción con el entorno externo de un organismo e, incluyendo el control de los eventos, es posible ver, que como los mismos elementos químicos se encuentran en el agua, entonces el agua influye en una estructura de eventos en términos de la masa de información en la consciencia colectiva. Está claro lógicamente, como un individuo constantemente toma agua, pero, además, en términos del sistema operativo de eventos, es posible construir un sistema de control a través del agua, que recuerda la acción del cerebro. Por lo tanto, es posible visualizar mentalmente que un cierto componente se crea en el agua, lo que influiría en un evento, entonces, por así decirlo: la producción de las formas de información, que afectan a la estructura de control del Mundo. Y luego este método permite visualizar algunos semiproductos de control, que se producen en el agua, luego para tomar las formas y para llevar a cabo el control. Así como un átomo de un elemento químico puede irradiar la estructura que influye en todo el mundo exterior en un cierto rango de ondas, también es posible trabajar a nivel del pensamiento, cuando el pensamiento produce las formas de control. A continuación, introduzca estas formas en los lugares correctos de acuerdo como un constructor tan peculiar, y el control necesario se llevaría a cabo para ti, y este control es especialmente útil en las tecnologías de la vida eterna, cuando una gran capacidad de reserva en términos de energía, es decir, la resistencia en el control es necesaria. La resistencia en el control es una característica importante, diciendo que si mantener el control durante mucho tiempo, entonces, respectivamente, es posible trabajar más en los sistemas de control para los eventos futuros, que son necesarios para proporcionar la vida eterna y al mismo tiempo para desarrollar la capacidad de control de los acontecimientos pasados en la dirección de la vida eterna.

El porcentaje entre corchetes, escrito en el texto después del nombre de un elemento, significa el porcentaje aproximado de un elemento concreto en un organismo humano sano. Es decir, alrededor del **96%** de un peso corporal humano son estos elementos macro, se encuentran en todas las células y tejidos del organismo. A partir de este número el **96**%, es posible realizar el control de un sistema de tal manera, y a este respecto, que el **96**% del formulario de control está organizado en el medio del agua. Es decir, visualizar mentalmente cómo se organiza en el medio de agua, y otro 4 por ciento son una forma de transporte, que incluye alrededor del 3,9% - el nivel de movimiento y la parte de descanso es la organización del lugar de control.

El segundo grupo de macroelementos cubre en total alrededor del 3,5% del peso corporal del hombre. Este porcentaje es la proporción de los siguientes elementos: **potasio, sodio, calcio, cloro, magnesio, fósforo, azufre.** En este caso, es posible asignar una subárea de control de tal manera, que concentrándose en la esfera de información correspondiente al calcio, para llevar a cabo el control de los demás elementos, como potasio, sodio, cloro, magnesio, fósforo, azufre. Y, respectivamente, es posible practicar con estos elementos de tal manera que, habiendo tomado potasio como la esfera controladora, es posible llevar a cabo el control con sodio, calcio, cloro, magnesio, fósforo y azufre. Es posible controlar cualquier otro elemento a través de cada elemento.

Los **llamados microelementos** sólo ganan el 0,5% del peso corporal humano. Los **microelementos** más significativos para la actividad vital de un organismo se describirán más adelante en este libro.

Existe en las ilustraciones la siguiente información de los elementos, que se encuentran en un cuerpo físico humano:

1. un número de serie de ubicación en la tabla periódica de elementos químicos de Mendeléyev,
2. un símbolo de un elemento químico,
3. masa atómica de un elemento químico,
4. un nombre de un elemento químico.

Cuando percibes el nombre de un elemento químico, trata de percibir la información, que muestra cómo el nombre de un elemento químico en la consciencia colectiva, indica específicamente la ubicación del elemento químico en tu cuerpo o en otro lugar. Habiendo conocido esta forma de control, se puede llevar a cabo plenamente el control de la vida eterna sólo desde el conocimiento del nombre de un elemento químico, trabajando dentro de esta área, a través del cual se puede afectar a cualquier otro elemento químico.

Además, la configuración electrónica de un átomo de un elemento químico se da en la parte inferior de una ilustración, donde:

1. los números 1, 2, 3, 4, 5, 6, 7 indican los niveles electrónicos o las capas electrónicas. Su cantidad depende del número de electrones en los átomos. Trate también de considerar la información con tal objetivo en control, "¿Qué existe entre estas capas electrónicas?",
2. las letras "s", "p", "d", "f" denotan los orbitales electrónicos de cada nivel. Al percibir los orbitales electrónicos en cada nivel, trate de percibir cómo reproducen la materia como tal, tanto dentro del propio elemento químico, como remotamente, y a una distancia infinita;
3. los índices de superíndice indican el número de electrones en un orbital precisa. Al percibir los electrones, trata de percibir la estructura interna de la imagen del mundo del electrón en sí, cómo se organiza en términos de consciencia, y cómo afecta a todo el mundo, influenciando en sí mismo, y sí, un electrón tiene una estructura de movimiento similar al sistema de pensamiento del ser

humano.

La suma de todos los índices es el número total de electrones presentes en el átomo de un elemento en el estado neutro. Teniendo en cuenta la característica del número total de electrones, se puede ver, que uno puede influir a través de los electrones en la formación de sus pensamientos, que tienen un nivel de control, para introducir inmediatamente un nivel de control en el pensamiento, y no, por ejemplo, para alcanzar un nivel a través de varios sistemas de control. Esta es una característica de control importante, ya que los electrones están en todas partes, y se sincroniza el movimiento de los electrones en términos de cómo organizan un pensamiento con los electrones, que significan el evento correcto, y obtendrás, digamos, la "corriente" del movimiento de la realidad hacia la implementación del evento. Estas tecnologías son especialmente útiles en las tecnologías de la vida eterna, ya que en este caso la naturaleza física del mundo permite organizar un evento sin un sistema especial de concentraciones, sin un fuerte gasto de energía de control.

En términos de la mecánica cuántica, la configuración electrónica es una lista completa de funciones de onda de un electrón, a partir de las cuales se puede compilar una función de onda completa de un átomo con la precisión suficiente.

Cuando aprobé el examen en un curso de Mecánica Cuántica, que era parte del programa educativo en la especialidad "Mecánica" en la facultad de PMM de la Universidad Estatal de Tashkent, mi deseo surgió de profundizar en el campo de la mecánica cuántica en términos de su influencia en los macroprocesos. Para justificar mi invención "El método de prevención de catástrofes y el dispositivo para su implementación" con cálculos físicos y matemáticos, encontré que una onda de radiación de pensamiento, la longitud de la cual puede ser cambiada por el esfuerzo de la consciencia, puede afectar la función de onda de un átomo y transformarla. Esto llevó a la conclusión científica, que al aumentar la intensidad de la radiación del pensamiento debido a los sistemas cristalinos, se puede normalizar el estado de macroambiente al nivel de interacción de los elementos de la realidad física y los sistemas de ondas de los átomos de los elementos químicos correspondientes a la norma para un individuo.

Una de las consecuencias de este estudio de proceso es que por los procesos de radiaciones, que son similares al pensamiento humano, o mediante la amplificación de la radiación del pensamiento humano a través del uso de los sistemas cristalinos, es posible transformar los sistemas de ondas de los átomos, de modo que sea posible obtener las sustancias necesarias, es decir, crear un peculiar "mantel mágico".

Dado que, en principio, es posible obtener una sustancia necesaria de esta manera, entonces es especialmente posible normalizar la composición de los elementos químicos incluidos en la sustancia, de modo que los elementos químicos garanticen la norma de salud y vida eterna en dicha normalización.

MACROELEMENTOS

Oxígeno – O (62%)

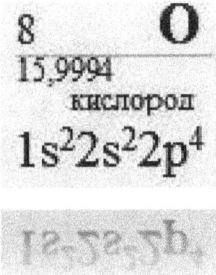

La función principal del oxígeno en un organismo, es la oxidación de varios compuestos. El oxígeno se encuentra en la composición del agua, el compuesto más importante de un organismo humano, en la composición de proteínas, ácidos nucleicos. El oxígeno es necesario para un gran número de procesos bioquímicos en un organismo.

Para el oxígeno, es necesario concentrarse en los dos símbolos que terminan la configuración electrónica, que se encuentra en "**s**" y el índice «^{4} ». También es posible concentrarse en la parte reflejada y tratar de conectar la parte reflejada de la configuración electrónica con esa que se muestra arriba y recibir la esfera de control, que puede controlar el oxígeno, para luego estar conectado a esta esfera en la estructura de su pensamiento y, respectivamente, para organizar el oxígeno en la cantidad necesaria ya sea en un organismo, o, por ejemplo, en interiores.

Carbono – C (21%)

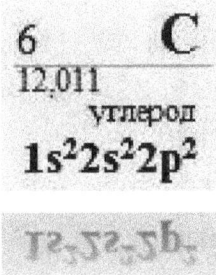

Un elemento importante de biogenéticos, formando una base vital en la Tierra, una unidad estructural de un gran número de los compuestos orgánicos que participan en la creación de los organismos y aseguran su actividad vital. El surgimiento de la vida en la Tierra se considera en la ciencia moderna como un proceso complicado de la evolución de los compuestos carbonáceos.

Para la normalización de la composición de los elementos químicos, es necesario concentrarse en el primer símbolo de la configuración electrónica, que está en "**1**" y también en los tres símbolos que terminan la configuración electrónica, que está en "**2**", ""y el índice «^{2}».

Hidrógeno - H (10%)

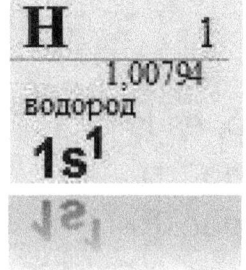

Se encuentra en el compuesto más importante en un organismo, – agua. Contenido de agua humana – 50% -70% del peso corporal.

Para el hidrógeno, es necesario concentrarse en el símbolo "**1**" de la configuración electrónica.

Nitrógeno - N (3%)

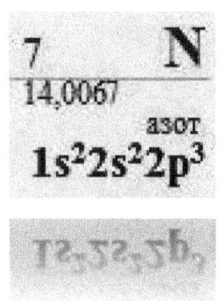

El papel biológico del nitrógeno es causado por sus compuestos. El nitrógeno se encuentra en los aminoácidos, lo que significa, en la composición de proteínas, en la estructura de los nucleótidos, y por lo tanto en la composición del ADN y el ARN. El nitrógeno es un elemento de la hemoglobina, y de algunas hormonas.

Para el nitrógeno, es necesario concentrarse en el símbolo "**1**", a continuación, en el símbolo "**s**" y el índice "**2**", es decir, en los tres primeros símbolos de la configuración electrónica.

Calcio - Ca (2%)

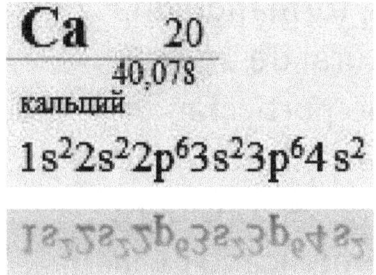

Todos los tejidos corporales contienen calcio. La mayor parte de todo el calcio está en los huesos. El calcio participa en el proceso de reducción de los músculos, es necesario para el trabajo normal del sistema nervioso, es importante para el proceso de coagulación de la sangre, actividad normal del corazón, mineralización de los dientes.

Para el calcio, es necesario concentrarse en los primeros seis símbolos de la configuración electrónica, que está en "**1**", "**s**", "**2**", «**2**», "**s**", «**2**».

Fósforo - P (1%)

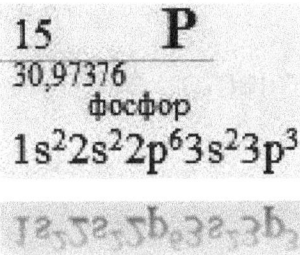

El fósforo se encuentra en los huesos, participa en el intercambio proteico, se encuentra en el ADN y el ARN, regula el equilibrio ácido-alcalino «ácido-base» de la sangre, el compuesto de fósforo – ATP – acumula energía, que se libera como resultado de varios procesos bioquímicos de un organismo, está contenido en los eritrocitos.

Para el fósforo, es necesario concentrarse para la normalización de la composición de los elementos químicos en los dos primeros símbolos de la configuración electrónica, es decir, en **"1"** y en **"s".**

Potasio - K (0,23%)

El potasio juega un papel importante en el metabolismo; es necesario para el trabajo normal del músculo cardíaco y los músculos esqueléticos. Promueve la eliminación del exceso de líquido de un organismo.

Para el potasio, es necesario concentrarse en los dos primeros símbolos y en los tres símbolos finales de la configuración electrónica, que está en **s**"**1**", "**s**", "**4**", **s**", el índice «**1**».

Azufre – S (0,16%)

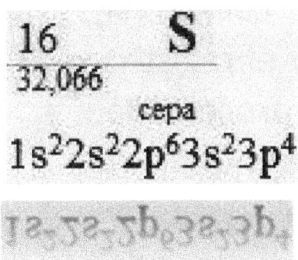

El azufre se encuentra en los aminoácidos – cisteína y metionina, vitaminas, hormona del páncreas – insulina. Desempeña un papel importante en la activación de enzimas en los procesos de respiración tisular. Neutraliza los productos tóxicos.

Para el azufre, es necesario concentrarse en los dos primeros símbolos de la configuración electrónica, es decir, en **"1", "s".**

Cloro - Cl (0,1%)

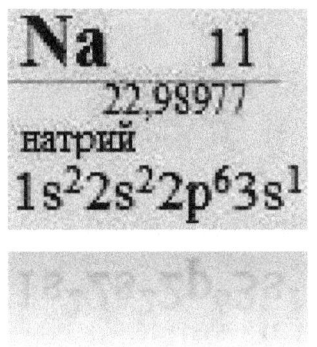

El cloro participa en el mantenimiento del equilibrio osmótico y la regulación del intercambio agua-sal. Es parte del ácido clorhídrico en el estómago.

Para el cloro, es necesario concentrarse en los primeros cinco símbolos de la configuración electrónica, es decir, en **"1"**, **"s"**, el índice **"²"**, **"2"**, **"s"**.

Sodio - Na (0,08%)

El sodio en compuestos con cloro es uno de los principales componentes del plasma sanguíneo. Desempeña un papel importante en el suministro del equilibrio electrolítico en un organismo, el trabajo normal del sistema nervioso, participa en el transporte de glucosa, aminoácidos en las células del organismo, participa en el proceso de contracción de los músculos. Evita la aparición de un golpe de calor o solar.

Para la normalización de la composición del sodio en un organismo, es necesario concentrarse tanto en toda la configuración electrónica como en la parte reflejada de la configuración electrónica. Luego, al contemplar la sección entre la parte reflejada del registro y el registro de la configuración electrónica, es necesario considerar el proceso de formación del organismo, donde los demás elementos químicos participan en la formación del organismo junto con el sodio, y establecen una cierta tasa de crecimiento de los procesos de información para asegurar la vida humana eterna. Tratar de saturar los acontecimientos futuros, que son necesarios para la vida humana eterna, con los elementos necesarios y, respectivamente, para normalizarlos de antemano, como con la acción del tiempo, es necesario aumentar el proceso de normalización en ciertos casos.

Existe una cierta ley, bajo la cual cada 100 años de vida humana el proceso de normalización del hombre para los próximos 10 años debe aumentar dos veces por velocidad y aumentar un poco en el volumen de acciones. Por lo tanto, con el tiempo también es necesario desarrollar la velocidad de control, que es necesaria para la vida humana eterna. Una circunstancia es importante en las tecnologías del desarrollo eterno, que con la repetición de estos períodos centenarios para un organismo humano, además, un sistema fijo de desarrollo de un organismo durante mucho tiempo se establece en ciertos casos, cuando el organismo se auto desarrolla, y la consciencia ya está dirigida más bien a la comprensión de otro sistema de la realidad, que sólo el control dirigido a proporcionar la vida eterna de un organismo humano.

Magnesio - Mg (0,027%)

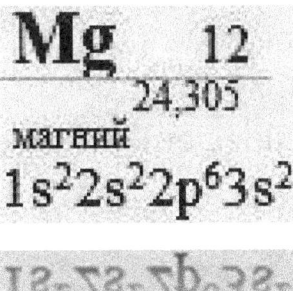

Magnesio en forma de sales se encuentra en el suero sanguíneo, eritrocitos, tejido óseo, tejido dental. El magnesio influye en el tono de las arterias coronarias y periféricas.

El magnesio participa activamente en el metabolismo, ya que activa el trabajo de las enzimas. El magnesio es necesario para el funcionamiento normal del sistema nervioso, el trabajo de los músculos esqueléticos y el músculo del corazón, la formación de los huesos. En el caso del magnesio, la normalización de la composición de los elementos químicos es la concentración en los dos primeros símbolos de la configuración electrónica, en **"1"** y en **"s"**.

MICROELEMENTOS

Existen diferentes clasificaciones de microelementos. Uno de ellos subdivide los microelementos en los tres grupos, procediendo de su importancia para la actividad vital de un organismo.

EL PRIMER GRUPO

Los microelementos, que junto con todos los elementos macro antes mencionados son vitales, se encuentran constantemente en un organismo humano. Son parte de enzimas, hormonas, vitaminas. El papel de estos elementos es muy importante en el mantenimiento de la salud humana normal.

Hierro - Fe (0,01%)

Fe 26
55,847
железо
$1s^2 2s^2 2p^6 3s^2 3p^6 4s^2 3d^6$

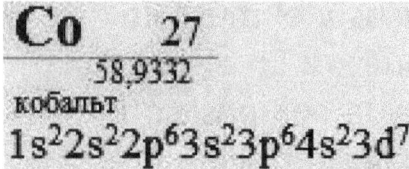

Es parte de la hemoglobina – la proteína, la transferencia de oxígeno en un organismo; se encuentra en la estructura de la mioglobina, que es un depósito de oxígeno en los músculos. El hierro es parte de las enzimas; por lo tanto, participa en las reacciones "redox" (Reducción-Oxidación).

Para el hierro, es necesario concentrarse en los primeros cuatro símbolos de la configuración electrónica para la normalización de la composición de los elementos químicos: en **"1", "s",** el índice **"2", "2".**

Cobalto - Co

Co 27
58,9332
кобальт
$1s^2 2s^2 2p^6 3s^2 3p^6 4s^2 3d^7$

El cobalto es una parte de la vitamina B_{12}, que participa en la regulación de la formación de sangre. El cobalto es parte de algunas enzimas.

Para el cobalto, es necesario concentrarse en los primeros ocho símbolos de la configuración electrónica, es decir, en **"1"**, **"s"**, índice **"²"**, **"2"**, **"s"**, índice **"²"**, **"2"**, **"p"**.

Cobre - Cu

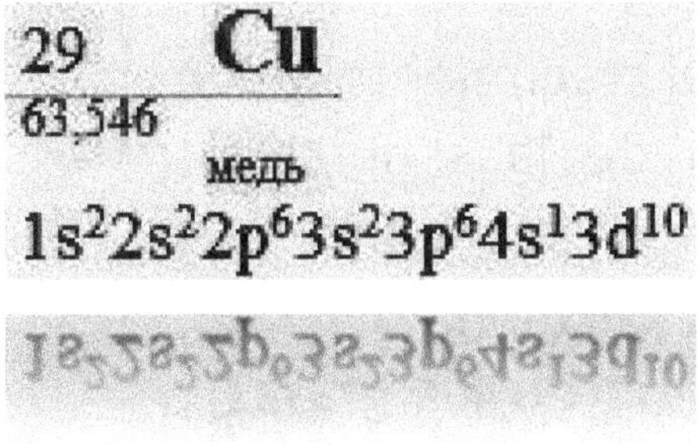

29 **Cu**

63,546

медь

$1s^2 2s^2 2p^6 3s^2 3p^6 4s^1 3d^{10}$

El cobre es un componente de la mioglobina (la proteína de conexión de oxígeno de los músculos esqueléticos y del músculo cardíaco), participa en la hemopoyesis (formación de hemoglobina y maduración de eritrocitos).

Es un componente de las enzimas, hormonas de las glándulas suprarrenales, participa en la respiración tisular, participa en la formación del tejido conectivo y huesos, en la síntesis de melanina en la piel, en la síntesis de colágeno y elastina en los tejidos conectivos, es un antioxidante.

Para el cobre, es necesario concentrarse en el primer símbolo de la configuración electrónica, que está en **"1"**.

Yodo – Yo

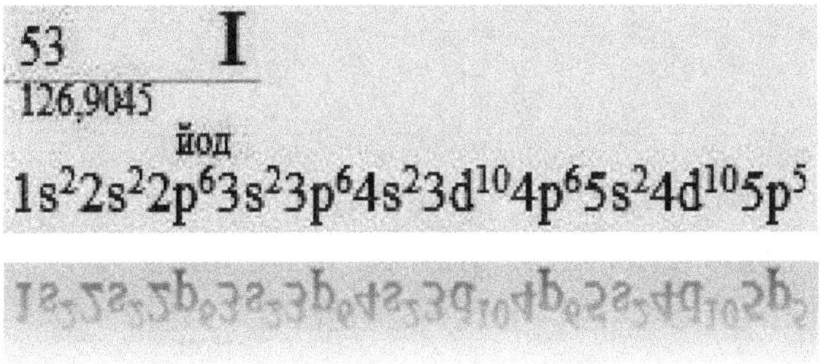

53 **I**

126,9045

йод

$1s^2 2s^2 2p^6 3s^2 3p^6 4s^2 3d^{10} 4p^6 5s^2 4d^{10} 5p^5$

El yodo es parte de las hormonas tiroideas producidas por la glándula tiroides — tiroxina y triiodotironina, haciendo que el impacto multilateral en el crecimiento, desarrollo y metabolismo de un Organismo.

Para el yodo, es necesario concentrarse en los dos primeros símbolos de la configuración electrónica, es decir, en **"1"** y **"s"**.

Manganeso - Mn

Mn 25
54,9380
марганец
$1s^2 2s^2 2p^6 3s^2 3p^6 4s^2 3d^5$

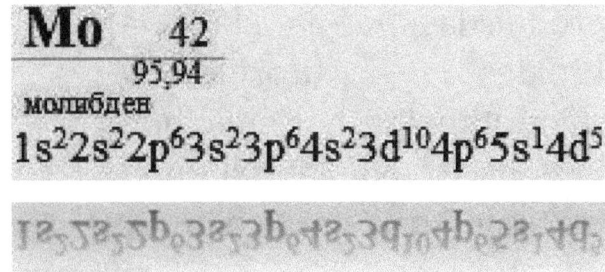

El manganeso influye en el crecimiento de un organismo, la formación de la sangre, las funciones de las gónadas. El manganeso es un componente de 12 enzimas diversas, participa en el metabolismo de las grasas y los carbohidratos -(síntesis y secreción de insulina).

En la formación de huesos y tejidos conectivos. Antioxidante. El manganeso participa en la formación de protrombina para la coagulación de la sangre.

Para el manganeso, es necesario concentrarse en los tres primeros símbolos de la configuración electrónica, que está en "**1**", "**s**" y el índice «**2**». La normalización de la cantidad de manganeso en un organismo normaliza el crecimiento de un organismo, diferencialmente a todo lo relacionado con el manganeso en términos de su impacto en un organismo se normaliza.

Molibdeno – Mo

Mo 42
95,94
молибден
$1s^2 2s^2 2p^6 3s^2 3p^6 4s^2 3d^{10} 4p^6 5s^1 4d^5$

El molibdeno se encuentra en varias enzimas, una de las cuales participa en la regulación del metabolismo del ácido úrico. El molibdeno es un componente del sistema de respiración tisular.

El molibdeno aumenta la síntesis de aminoácidos, mejora la acumulación de nitrógeno en un organismo. Participa en la protección contra un efecto tóxico de sustancias químicas y medicamentos.

Para la acción destinada a proporcionar la norma de molibdeno, es necesario concentrarse en los primeros cuatro símbolos de la configuración electrónica, que está en "**1**", "**s**" el índice «²»,y **2.**

Zinc – Zn

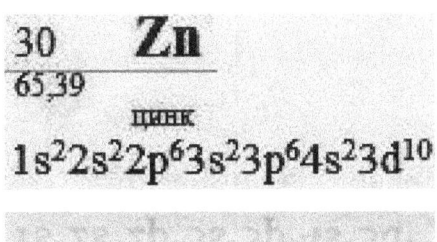

El zinc se encuentra en más de 100 enzimas, es un componente de varias hormonas y vitaminas importantes, es un elemento necesario para el funcionamiento normal de todas las células de un organismo. El zinc se encuentra en la insulina, regulando el

metabolismo de los carbohidratos. Participa en la síntesis del ADN, en la síntesis de proteínas. Protege las células de las toxinas orgánicas, metales pesados, radiación y endotoxinas.

Para el zinc, es necesario concentrarse en el primer símbolo de la configuración electrónica, que está en "**1**".

Vanadio – V

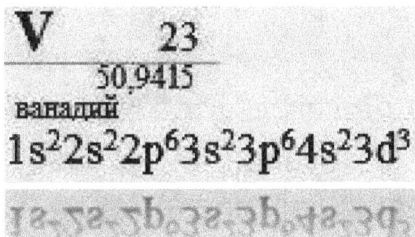

El vanadio participa en la regulación del metabolismo de la glucosa, el colesterol, en la regulación de la actividad de un sistema cardiovascular, en el metabolismo de los huesos y tejidos dentales.

Para el vanadio, es necesario concentrarse en los dos primeros símbolos de la configuración electrónica, es decir, en "**1**" y "**s**".

EL SEGUNDO GRUPO

Los microelementos, que están constantemente contenidos en un cuerpo humano, pero, su valor biológico es no es estudiado, o es desconocido.

Selenio – Se

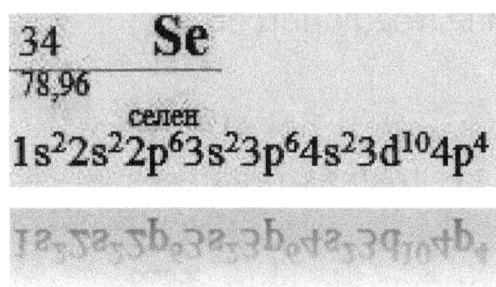

Activa las hormonas de la glándula tiroides en los tejidos periféricos. Aumenta la actividad de los linfocitos.

Es un inmunomodulador.

Es un componente de la enzima, protegiendo las células de la acción destructora de los peróxidos de hidrógeno.

Para el selenio, es necesario concentrarse en los dos primeros símbolos de la configuración electrónica, es decir, en **"1"** y **"s"**.

Cromo – Cr

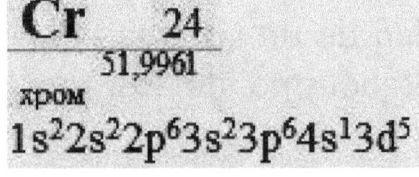

Participa en el intercambio de carbohidratos – fortalece el efecto de la insulina en la síntesis de proteínas. Regula el nivel de lípidos en la sangre.

Para el cromo, es necesario concentrarse en el primer y dos símbolos finales de la configuración electrónica, es decir, en **"1"**, **"d"** y el índice «**5**».

Níquel – Ni

Ni 28

58,69

никель

$1s^22s^22p^63s^23p^64s^23d^8$

Se encuentra en la enzima ureasa.

es necesario concentrarse en el segundo símbolo de la configuración electrónica y en el penúltimo símbolo de la configuración electrónica, es decir, en **"s"** y **"d"**. También es posible concentrarse aquí a través del número, que está cerca del símbolo «**s**», es el número **2**. Es posible concentrarse primero en el número **2,** para contemplar su radiación hacia **"s"** y definir el número, que corresponde al símbolo «**s**» en control. Es posible definir la medida de control para el tiempo, con percepción. Existen ciertos clics, recordando un sonido de un metrónomo peculiar. Por ejemplo, se puede percibir **"s",** de modo que dos clics correspondan con este símbolo. En consecuencia, "**d**" se puede percibir como peculiares controladores en ocho clics, es un cierto tiempo de control. Es decir, es necesario prestar atención en este sistema de control para el níquel, y estudiar para revelar la duración del control establecido en los otros sistemas. Cada sustancia ocupa algún tiempo en términos de la imagen controladora del mundo. Es posible percibir el mundo como un sistema, que recibe la energía del centro general, que tiene una esfera central de información, creada inicialmente por el Creador y luego funciona por sí misma. La regularidad del control con dicha percepción, que se relaciona con el intervalo de tiempo de la concentración correspondiente a cada símbolo, es causada en la configuración electrónica, por el hecho, que un cierto número de los haces peculiares de energía forman este símbolo. Resulta que el símbolo corresponde al número de procesos que forman el símbolo, puede ser determinado por la percepción, que define la medida de control relacionada con el símbolo. Este número puede ayudar en términos, que es posible contar cuantitativamente entonces, por ejemplo, cuántos impulsos de control se necesitan, para que el evento se implementaría. Es decir, el control pasa para estar en orden más preciso y concreto en este caso, cuando se utiliza esta tecnología.

Estaño – Sn

50 **Sn**
118,710
ОЛОВО

$1s^2 2s^2 2p^6 3s^2 3p^6 4s^2 3d^{10} 4p^6 5s^2 4d^{10} 5p^2$

Es necesario para el correcto desarrollo del esqueleto.

Para el estaño, es necesario concentrarse en el segundo símbolo «**s**» en la electrónica configuración, a continuación, perder el índice «**²**» y el número "**2**", y para concentrarse ya en el quinto símbolo «**s**». Es necesario tratar de percibir la fórmula reflejada, como si no se reflejara después de esta concentración, y ver entonces, que una onda de radiación surge allí, que es como si desbordara la fórmula superior, no reflejada. Es posible ver, que el sistema secundario de la realidad a menudo tiene la misma energía, que el primario. Es decir, el concepto de energía se distribuye en el mundo, de modo que la acción secundaria no siempre es más débil. Puede ser para que tenga el mismo valor, y a veces un valor mayor en volumen. Se puede utilizar para recibir energía para un organismo del propio organismo. Es decir, activar mentalmente las sustancias químicas del organismo de tal manera, de modo que recibir energía ya de la acción de estas sustancias, para que no se desgasten y, por el contrario, que den más y más energía con cada acción siguiente.

Por lo tanto, la ley de la vida eterna se implementa, y la vida aumenta un recurso vital.

Flúor - F

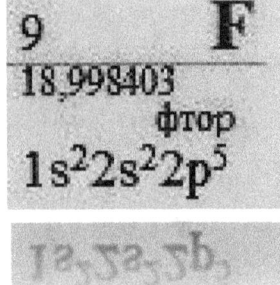

9 **F**
18,998403
фтор

$1s^2 2s^2 2p^5$

Aumenta la estabilidad del esmalte dental, protege los dientes de la caries dental. Participa en la formación de tejido óseo.

Para el flúor, es necesario concentrarse en la configuración electrónica completa.

Silicio – Si

Se encuentra en los huesos y el tejido conectivo en forma de los compuestos orgánicos de silicio.

Para el silicio, es necesario concentrarse en los cuatro primeros símbolos y el final de los dos símbolos de la configuración electrónica, es decir, en **"1"**, **"s"**

el índice «^{2}», **"2"**, a continuación, en **"p"**, y el índice «^{2}».

Bromo – Br

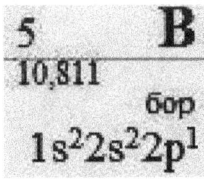

Para el bromo, es necesario concentrarse en toda la configuración electrónica.

Boro – B

Para el boro, es necesario concentrarse en toda la configuración electrónica.

Uranio - U

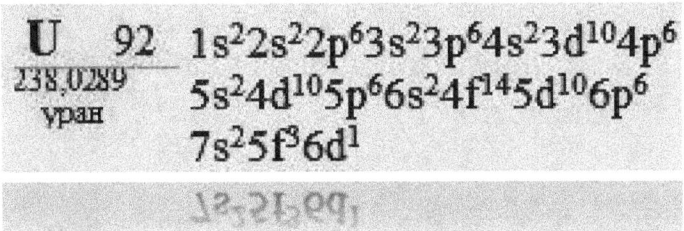

Para el uranio, es necesario concentrarse en los dos símbolos finales de la configuración electrónica, que está en **"d"**, índice «^{1}».

Radio – Ra

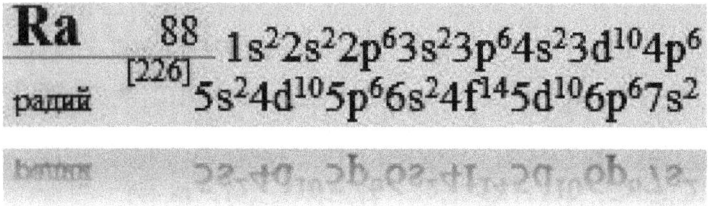

Para el radio, es necesario concentrarse en los tres símbolos que terminan la configuración electrónica, es decir, en **"7"**, **"s"** y en el índice **«²»**.

Berilio – Be

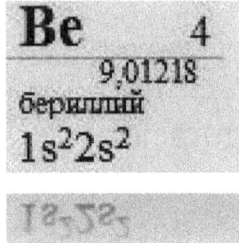

Para el berilio, es necesario concentrarse en toda la configuración electrónica.

Cesio - Cs

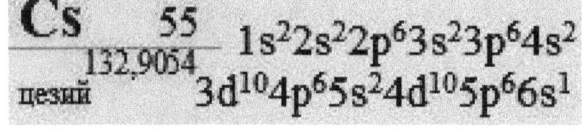

Para el cesio, es necesario concentrarse en toda la configuración electrónica.

Mercurio – Hg

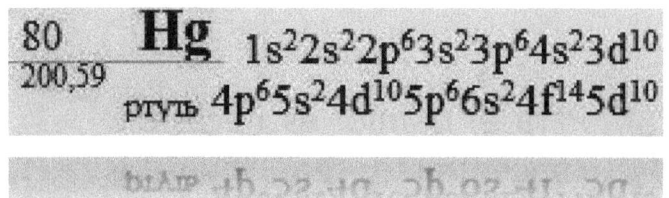

En el caso del mercurio, es necesario concentrarse en el primer símbolo de la configuración electrónica, es decir, en **"1"**.

Oro – Au

$$79 \quad \text{Au}$$
$$196,9665$$
золото

$1s^22s^22p^63s^23p^64s^23d^{10}$
$4p^65s^24d^{10}5p^66s^14f^{14}5d^{10}$

Para el oro, es necesario concentrarse en todo la configuración del sistema electrónico

Galio – Ga

$$31 \quad \text{Ga}$$
$$69,723$$
галлий

$1s^22s^22p^63s^23p^64s^23d^{10}4p^1$

Para el galio, es necesario concentrarse en el símbolo que termina la configuración, que está en el índice «¹».

Antimonio – Sb

$$51 \quad \text{Sb}$$
$$121,75$$
сурьма

$1s^22s^22p^63s^23p^64s^2$
$3d^{10}4p^65s^24d^{10}5p^3$

Para el antimonio, es necesario concentrarse en el primer símbolo y el símbolo final de la configuración electrónica, es decir, en **"1"** y en el índice «³».

Estroncio – Sr.

$$\text{Sr} \quad 38$$
$$87,62$$
стронций

$1s^22s^22p^63s^23p^6$
$4s^23d^{10}4p^65s^2$

Para el estroncio, es necesario concentrarse en el primer símbolo de la configuración electrónica, es decir, en **"1"**.

Litio - Li

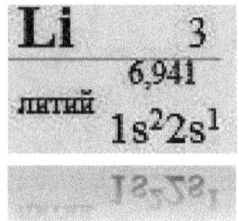

Para el litio, es necesario concentrarse en el primer símbolo de la configuración electrónica y el símbolo final, que está en **"1"** y el índice «^{1}».

Aluminio - Al

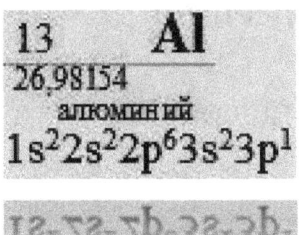

Para el aluminio, es necesario concentrarse en el primer símbolo y dos símbolos finales de la configuración electrónica, que se encuentra en **"1", "-"** y el índice «^{1}».

Bario - Ba

$$Ba \quad 56 \quad 1s^2 2s^2 2p^6 3s^2 3p^6 4s^2$$
$$137.33 \quad 3d^{10} 4p^6 5s^2 4d^{10} 5p^6 6s^2$$

бария

Para el bario, es necesario concentrarse en el primer símbolo de la configuración electrónica y en los tres símbolos finales de la configuración electrónica, que está en **"1", "6", "s",** el índice«^{2}».

Germanio – Ge

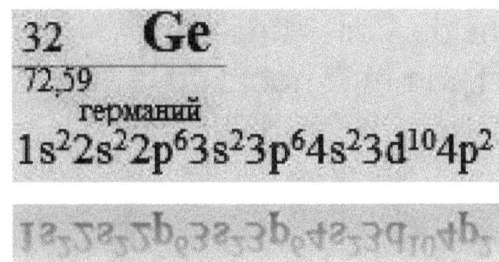

Para el germanio, es necesario concentrarse en los primeros cuatro símbolos de la configuración electrónica, es decir, en **"1", "s",** el índice «^{2}», **"2"** y también es necesario concentrarse en toda la configuración electrónica reflejada.

Arsénico – Como

33 **As**
74,9216
мышьяк
$1s^2 2s^2 2p^6 3s^2 3p^6 4s^2 3d^{10} 4p^3$

El arsénico se encuentra en muchos tejidos corporales del hombre en una pequeña cantidad en un organismo sano. La mayor parte se encuentra en la glándula tiroides, piel, tejido cerebral. Es un tóxico en gran cantidad.

Para el arsénico, es necesario concentrarse en el primer símbolo de la configuración electrónica, en el número **"1".** Para normalizar la cantidad de arsénico en un organismo o para sacarlo de un organismo, es necesario concentrarse en el último símbolo reflejado de la configuración electrónica, que está en el índice «³», que se encuentra en la parte reflejada de la configuración electrónica. Al mismo tiempo, es posible concentrarse adicionalmente en el eje de la simetría, dividiendo la configuración electrónica y la reflejada, y luego concentrarse simultáneamente en los dos símbolos «**p**» los penúltimos símbolos «**p**» para el fortalecimiento del control.

Rubidio – Rb

Rb 37
85,4678
рубидий
$1s^2 2s^2 2p^6 3s^2 3p^6 4s^2 3d^{10} 4p^6 5s^1$

Para el rubidio, es necesario concentrarse en toda la configuración electrónica y concentrarse también en la parte reflejada de la configuración electrónica.

Plomo – Pb

82 **Pb** $1s^2 2s^2 2p^6 3s^2 3p^6 4s^2 3d^{10} 4p^6$
207,2 свинец $5s^2 4d^{10} 5p^6 6s^2 4f^{14} 5d^{10} 6p^2$

Para el plomo, es necesario concentrarse en los tres primeros símbolos de la configuración electrónica y en el final en los dos símbolos de la configuración electrónica, que se encuentra en **"1"**, **"s"**, el índice **«²»**, **«p»**, el índice **«²»**. Para la normalización de la cantidad de plomo en un organismo, es necesario concentrarse en los tres símbolos que terminan la configuración electrónica, que está en **"6"**, **"p"**, el índice **«²»**.

Bismuto – Bi

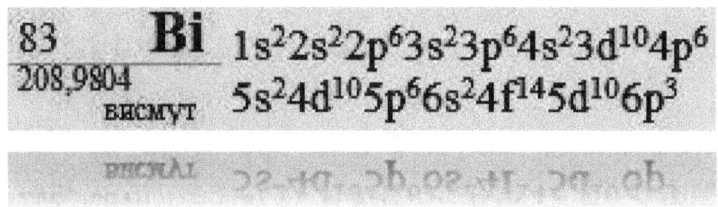

Para el bismuto, es necesario concentrarse en los dos primeros símbolos de la configuración electrónica, es decir, en **"1"**, **"s"**.

Cadmio – Cd

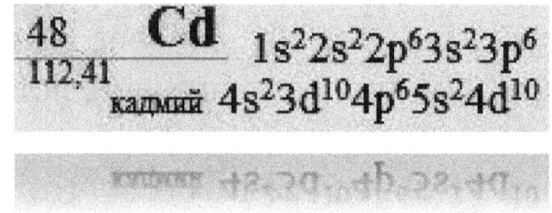

Para el cadmio, es necesario concentrarse en el primer y en el final de los símbolos de la configuración electrónica, es decir, en **"1"** y **"0"**, y luego concentrarse

repetidamente en el primer símbolo y en los dos símbolos finales de la configuración electrónica, es decir, en el número **"1"** y en el número **"1"** y **"0"**. Para la aceleración de la normalización de la cantidad de cadmio en un organismo, es necesario concentrarse adicionalmente en el segundo símbolo de la configuración electrónica, que está en el símbolo **«s»**.

Titanio – Ti

$$Ti \quad 22$$
$$47,88$$
титан
$$1s^2 2s^2 2p^6 3s^2 3p^6 4s^2 3d^2$$

Para el titanio, es necesario concentrarse en los tres símbolos finales de la configuración electrónica, es decir, en **"3"**, **"d"**, índice **«²»**.

Plata – Ag

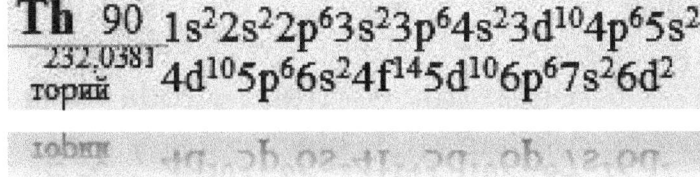

$$47 \quad \text{Ag} \quad 1s^2 2s^2 2p^6 3s^2 3p^6$$
$$107,8682 \quad \text{серебро} \quad 4s^2 3d^{10} 4p^6 5s^1 4d^{10}$$

Para la plata, es necesario concentrarse en el primer símbolo de la configuración electrónica - en el número **"1"**.

Torio – Th

$$\text{Th} \quad 90 \quad 1s^2 2s^2 2p^6 3s^2 3p^6 4s^2 3d^{10} 4p^6 5s^2$$
$$232,0381 \quad \text{торий} \quad 4d^{10} 5p^6 6s^2 4f^{14} 5d^{10} 6p^6 7s^2 6d^2$$

Para el torio, es necesario concentrarse en toda la configuración electrónica, tratando de penetrar simultáneamente en el

significado de la configuración electrónica y para capturar visualmente tantos símbolos como sea posible con su aspecto.

EL TERCER GRUPO

Microelementos de impureza. Fueron encontrados en un organismo humano, pero su contenido cuantitativo es insignificante. Mientras investigan los procesos de interacción de estos elementos a través de la consciencia, es posible definir, que estos microelementos influyen en la radiación en el área de la hipófisis. Cuando se forma una imagen en el proceso de pensamiento, entonces los microelementos de impureza crean como si fuera una reflexión secundaria en la consciencia. Y mediante la investigación de pequeñas cantidades de estos elementos, es posible definir, que también juegan el papel de los elementos correctores. Cuando las estructuras dinámicas se desarrollan bastante rápidamente, entonces una cierta corrección relacionada con la función dinámica de la consciencia pasa a través de estos elementos allí.

Escandio - Sc

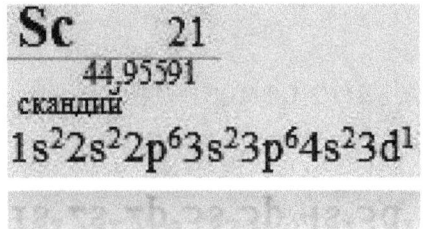

$1s^22s^22p^63s^23p^64s^23d^1$

Para escandio, es necesario concentrarse en el primer símbolo de la configuración electrónica, que está en **"1"**.

Talio – Tl

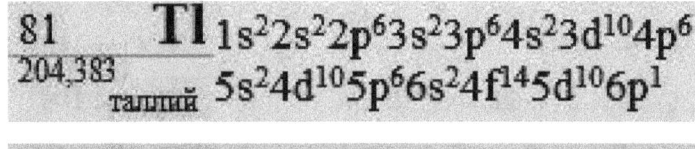

$1s^22s^22p^63s^23p^64s^23d^{10}4p^6$
$5s^24d^{10}5p^66s^24f^{14}5d^{10}6p^1$

Para el talio, es necesario concentrarse en toda la configuración electrónica y luego en dos símbolos de configuración

electrónica – **"p"** y el índice **«¹»**, visualizándolos en color dorado. Para la normalización de la cantidad de talio en un organismo en la opción acelerada, todavía es necesario concentrarse adicionalmente en los tres primeros símbolos de la configuración electrónica, es decir, en **"1"**, **"s"** y el índice **«²»**.

Indio – In

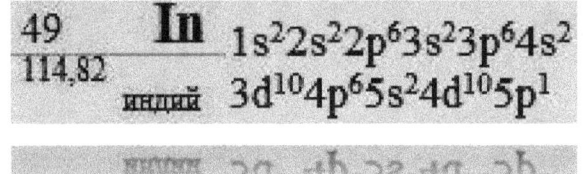

$1s^22s^22p^63s^23p^64s^2$
$3d^{10}4p^65s^24d^{10}5p^1$

Para indio, es necesario concentrarse en los tres símbolos finales de la configuración electrónica – **"5"**, **"p"**, el índice **«¹»**.

Lantano - La

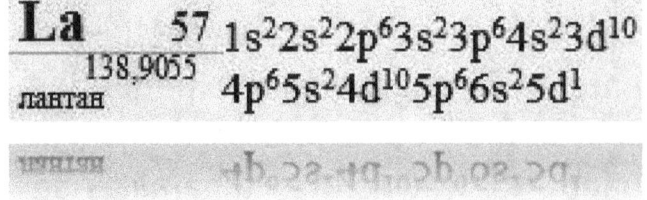

$1s^22s^22p^63s^23p^64s^23d^{10}$
$4p^65s^24d^{10}5p^66s^25d^1$

Para el lantano, es necesario concentrarse en el primer símbolo de la configuración electrónica y un penúltimo símbolo de la

configuración electrónica, y el procedimiento a la misma, que está en **"1"**, **"5"**, **"d"**. Mientras se concentra en la configuración electrónica, hay una manera, cuando es necesario sólo mirar la configuración electrónica, tratar de memorizar los símbolos, en los que es necesario concentrarse, y tratar de imaginar esta configuración electrónica en el nivel de pensamiento. Entonces puedes notar que los símbolos en los que te concentras, son más dinámicos en la consciencia, y la dinámica es el movimiento hacia la norma.

Praseodimio – Pr

Pr 59
140,9077
празеодим

$1s^2 2s^2 2p^6 3s^2 3p^6 4s^2 3d^{10}$
$4p^6 5s^2 4d^{10} 5p^6 6s^2 4f^3$

Es necesario concentrarse en los tres primeros símbolos de la configuración electrónica –
"1", "s", el índice **«²».**

Samario – Sm

Sm 62
150,36
самарий

$1s^2 2s^2 2p^6 3s^2 3p^6 4s^2 3d^{10}$
$4p^6 5s^2 4d^{10} 5p^6 6s^2 4f^6$

Es necesario concentrarse en los dos primeros símbolos de la configuración electrónica y en los dos símbolos finales de la configuración electrónica–
en **"1", "s", "f",** el índice **«⁶».**

Tungsteno – W

W 74
183,85
вольфрам

$1s^2 2s^2 2p^6 3s^2 3p^6 4s^2 3d^{10}$
$4p^6 5s^2 4d^{10} 5p^6 6s^2 4f^{14} 5d^4$

Para el tungsteno, es necesario concentrarse en los dos primeros símbolos de la configuración electrónica y en los dos símbolos finales de configuración, que está en **"1", "s", "d",** el índice **«⁴».**

Renio – Re

Re 75
186,207
рений

$1s^2 2s^2 2p^6 3s^2 3p^6 4s^2 3d^{10}$
$4p^6 5s^2 4d^{10} 5p^6 6s^2 4f^{14} 5d^5$

Para el renio, es necesario concentrarse en los tres primeros símbolos de la configuración electrónica en
"1", "s", el índice **«²».**

Terbio – Tb

Tb 65 $1s^2 2s^2 2p^6 3s^2 3p^6 4s^2 3d^{10}$
158,9254
тербий $4p^6 5s^2 4d^{10} 5p^6 6s^2 4f^9$

Para el terbio, es necesario concentrarse en los primeros cuatro símbolos de la configuración electrónica – en **"1"**, **"s"**, el índice «²», número **"2"**.

Para los demás minerales, es posible utilizar una serie numérica, que normaliza el control a través de los elementos de impureza. Esta serie numérica es la siguiente: **819 4986197**

SUSTANCIAS (COMPUESTOS), QUE SE ENCUENTRAN EN UN ORGANISMO HUMANO

Durante el trabajo con las sustancias, que se encuentran en un organismo humano, es necesario considerar, que el organismo puede organizar, crear las condiciones intermedias de una sustancia, los estados energéticos de una sustancia, lugares de energía, que organizan sustancias; y a este respecto, es necesario considerar la estructura dinámica de la interacción de las sustancias tanto en la realidad, con las sustancias ya existentes, como con las que se están creando, y con las zonas, donde sólo existe la información sobre una sustancia, pero la sustancia puede no estar presente en ese momento. Por lo tanto, siempre es necesario considerar varios estados de información en torno a la sustancia en el sistema de desarrollo eterno, que es anterior a la organización de una sustancia, la estructura del desarrollo de sustancias en el futuro y la información actual.

Una sustancia química es una sustancia física con una composición química específica. Es decir, los átomos de los elementos químicos, cuando se unen en estructuras más grandes – las moléculas, forman ya directamente la base de las células y tejidos de un organismo humano. Es posible ver aquí que, cuando los átomos de los elementos químicos resuenan con su pensamiento, puede influir en la agrupación de átomos en las estructuras más grandes, en las moléculas. Es decir, de hecho, puedes estar involucrado en la creación de tu organismo.

Las sustancias pueden consistir en los átomos idénticos, por ejemplo oxígeno –O_2, y se pueden construir de los átomos de diferentes elementos químicos, formando las moléculas complejas, por ejemplo, una molécula de agua –H_2O. Debido a tu pensamiento, puedes construir cualquier configuración intermedia de las sustancias contemplándolas en tu imaginación y obtener energía de ellas. Es decir, por ejemplo, cuando se contempla tal configuración de átomos como H_2O, si luego transfieres mentalmente esta esfera de información a la estructura "O" del átomo de oxígeno cercano a nivel de consciencia, entonces es posible obtener una reserva bastante seria de energía para controlar un organismo. Un ejemplo más similar, que es posible llevar a cabo un control opuesto al hecho, que hay una determinada cadena de control de causa y efecto, y, por ejemplo, contemplar "O" a "H" en el sistema de eventos. El hecho es que la agrupación de átomos no se produce linealmente y, es por eso que es posible considerarlo a nivel molecular cómo, en general, el átomo se organiza debido al hecho, que el proceso inverso se contempla como en una película, desenrollándolo hacia atrás y alcanzando el nivel, cuando un átomo está organizado por sí mismo. Aquí se puede ver que es posible alcanzar el nivel de la información, la creación de un individuo humano, y dicha información es más controlada por la consciencia. Por lo tanto, resulta que se puede considerar incluso un nivel más dinámico - la creación de tu propio organismo debido a tu pensamiento. Para ello, el pensamiento debe estar estructurado. Las secuencias numéricas permiten estructurar el pensamiento más específicamente y simplificar el control a través de la creación de un organismo.

Todas las sustancias, de las cuales se construyen las células y tejidos del cuerpo físico humano, comprenden dos grupos: los compuestos inorgánicos y orgánicos. Cuando creas el organismo debido al pensamiento, debido al desarrollo de la consciencia, el espíritu y el alma, ves que en la creación de compuestos orgánicos e inorgánicos, la radiación pensante, la radiación del Alma, el Espíritu y tu consciencia, todos los sistemas mostrados de un organismo participan. Y cuando nos fijamos en el sistema aún no manifestado de un organismo, se ve que este sistema está muy densamente acoplado a tus eventos futuros. El futuro es como si creciera de ti en cierto sentido. Y, cuando controlas esta área dentro de un organismo, en el sistema de la creación del organismo, todo el futuro se vuelve absolutamente controlable. Es decir, así, aseguras la vida eterna para ti y para todos en tu alrededor.

Los sistemas de la organización de la vida eterna son de un solo tipo para todas las personas. Por lo tanto, es suficiente estudiar bien el propio sistema, y se puede implementar la vida eterna de todos los demás.

SUSTANCIAS INORGÁNICAS

La secuencia numérica para la normalización de sustancias inorgánicas para la vida humana eterna es la siguiente: **81949161878**

Agua H$_2$O – 51951348988

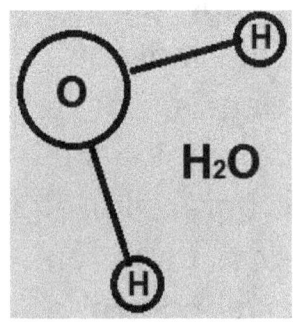

El contenido de agua para un humano es el - 50-70% del peso corporal.

Es posible mantener un organismo en una cierta norma dirigida hacia la vida eterna por la concentración mental aproximadamente en una mitad de masa de agua.

Para este propósito, es necesario visualizar simplemente, que mentalmente centrado en una mitad de masa de agua que está en tu cuerpo. Es necesario concentrarse en el esquema aquí, en un átomo de hidrógeno "**H**" entonces haces una pausa durante varios segundos y te concentras en el átomo de oxígeno "**O**".

El agua en nuestro organismo es el principal disolvente. Gracias al agua, muchas reacciones bioquímicas en un organismo humano proceden. El agua participa en el mantenimiento del equilibrio ácido-alcalino «ácido-base» en la sangre. Tú puedes investigar la estructura de la organización de la sangre a través de tu consciencia, y al mismo tiempo para ver, que los sistemas dinámicos se pueden organizar, así como los estáticos, es decir, con la misma velocidad.

El agua proporciona el mantenimiento de la constancia de la temperatura corporal. El agua es ese medio, gracias al cual los nutrientes, el oxígeno se transfieren a las células, y los desechos se eliminan de un organismo.

Para la limpieza de un organismo a partir de residuos, es posible imaginar, que el elemento de control, con el que se generan los desechos de un organismo, está en el centro de la información correspondiente al agua. Es decir, se visualiza como una cierta gota, y se introduce el elemento de la consciencia en esta gota - en el centro. Entonces comienza la limpieza de un organismo, que puede ser útil.

SALES

Para la normalización de las sales, es necesario concentrarse en la siguiente serie numérica **– 81949171689.**

El contenido de sales minerales en un organismo es de aproximadamente 4-5%. Las sales minerales son los biorreguladores de los principales procesos de metabolismo en un organismo.

Cuando se desea llevar la información de control, que poseería un efecto de acción larga a algún punto de un organismo, es posible ver el movimiento de la sal mineral en un organismo y poner la información de normalización en el área más cercana, entonces tendrás un nivel estático de normalización en este punto.

Las sales participan en el mantenimiento del equilibrio ácido-alcalino «ácido-base» necesario en un organismo. Mantener la constancia de la acidez de los fluidos líquidos tiene un valor primordial para la actividad de un cuerpo humano.

Las sales juegan un papel importante en el metabolismo de la sal de agua.

Una cierta parte de las sales minerales inorgánicas es en forma de los compuestos iónicos en el cuerpo humano, ya que cuando se disuelven en agua, se disocian con la formación del catión de metal y reside el anión del ácido. El curso normal de varios procesos fisiológicos, como la excitabilidad del sistema nervioso y el tejido muscular, la actividad de las enzimas, las hormonas y otros, depende del número de ciertos iones en las células de un organismo y en el líquido extracelular. Por lo tanto, el estado sano de los tejidos, órganos y los sistemas de un organismo depende directamente del porcentaje estable de cationes y aniones en varios medios de un cuerpo físico humano.

LOS SIGUIENTES IONES SON LOS MÁS IMPORTANTES:
CATIONES

Para cationes, la secuencia para la concentración es la siguiente:
34914896881

 **El catión de potasio** es el catión principal del líquido intracelular. Se encuentra en una pequeña cantidad en el líquido extracelular y en el plasma sanguíneo. El potasio, que está en el plasma sanguíneo, regula la excitabilidad neuromuscular y muscular. El cambio en la concentración de potasio, de cualquier manera, rompe la capacidad del tejido muscular para reducir, incluyendo los músculos del corazón.

Para **catión de potasio,** la concentración es la siguiente: **81348121898**

Catión de sodio – 81421721891

El catión de sodio es el catión principal del plasma sanguíneo y del líquido extracelular. Influye significativamente en la distribución de agua en un organismo, mantiene el agua en el ambiente extracelular.

Catión de calcio – 3184172184

El catión de calcio está principalmente en el líquido extracelular y en el plasma sanguíneo. Influye en la excitabilidad de los nervios y los músculos.

Catión de magnesio – 81431641891

El catión de magnesio se encuentra principalmente en el líquido intracelular. Una pequeña cantidad está en la extracelular. Desempeña un papel importante en el mantenimiento de la presión osmótica dentro de las células.
Es un activador de los procesos enzimáticos.
Disminuye la excitabilidad neuromuscular, causa la disminución de la presión arterial.

ANIONES - 85431641878

$$H_2PO_4^- \qquad HPO_4^{2-}$$

Aniones fosfatos – 81431421871

Los aniones fosfáticos son principalmente los aniones intracelulares. Los elementos de un sistema tampón fosfático «fosfato», que permite que la sangre tenga un valor constante de pH (acidez), es decir, el sistema, manteniendo el equilibrio ácido-alcalino «ácido-base», que es independientemente del impacto de pequeñas cantidades de otros ácidos fuertes o las bases en solución y en el cultivo de la solución. El sistema de tampón fosfático es capaz de resistir el cambio de pH en el intervalo 6, 2 – 8, 2. Proporciona una parte considerable de la capacidad de amortiguación de la sangre.

Este sistema tampón desempeña un papel más importante en las células sanguíneas que en el plasma.

Aniones de carbonato – 85421801961

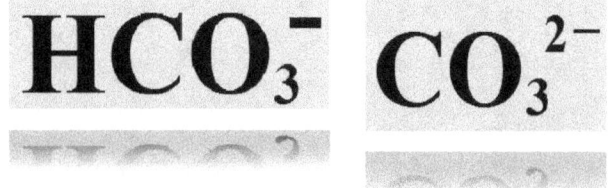

$$HCO_3^- \qquad CO_3^{2-}$$

Los aniones de carbonato son principalmente los aniones extracelulares. Son los elementos de un sistema tampón de carbonato de hidrógeno de plasma sanguíneo. El sistema de amortiguación de carbonato de hidrógeno funciona como la solución de amortiguación fisiológica eficaz cerca de pH 7,4. Este sistema tampón desempeña un papel importante en el plasma sanguíneo.

Cloruro – 85349861721

Un anión inorgánico principal del líquido extracelular. Desempeña un papel esencial. Los cloruros participan en la creación y mantenimiento de la presión osmótica de los

líquidos del organismo, en la síntesis de ácido clorhídrico en el estómago. Los cloruros son los activadores de varias enzimas.

Sal insoluble $Ca_3(PO_4)_2$ – esta sal insoluble se encuentra en la sustancia intercelular del tejido óseo; proporciona su protección y resistencia. Para esta sal insoluble, la concentración es la siguiente: **18931689148**

ÁCIDOS – 53148121671

HCl – ácido clorhídrico - 39864121878

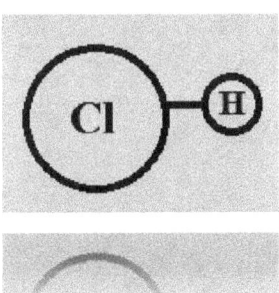

Se encuentra en el jugo gástrico. El nivel de la acidez del jugo gástrico depende de ello. Las enzimas, que participan en la digestión de los alimentos en el estómago, necesitan el ambiente ácido, que se proporciona con la secreción del ácido clorhídrico. El ácido clorhídrico también proporciona el efecto antibacteriano del jugo gástrico.

SUSTANCIAS ORGÁNICAS – 28131981486

Hidratos de carbono – 31487121961
Monosacáridos – 38456121871

Los monosacáridos son los compuestos orgánicos, uno de los principales grupos de carbohidratos, la forma más simple de azúcar.

Glucosa -8516121878

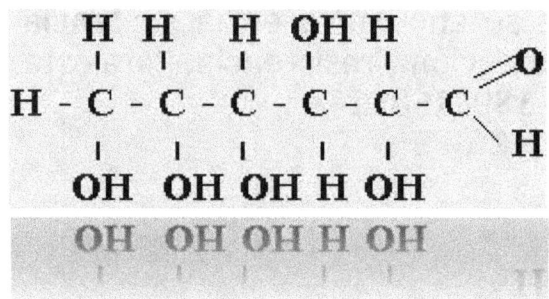

La glucosa ($C_6H_{12}O_6$) o el azúcar de semilla de uva, o la dextrosa se encuentra en el jugo de muchas frutas y bayas, incluyendo las semillas de uva, el nombre de este tipo de azúcar se originó a partir de ese nombre La glucosa es la principal y más universal

fuente de energía para asegurar los procesos metabólicos en los organismos de los seres humanos y los animales.

Es necesario concentrarse en toda la fórmula química en glucosa.

Fructosa – 31864121749

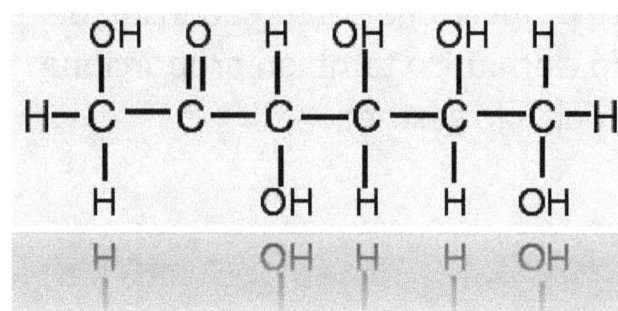

Fructosa ($C_6H_{12}O_6$)

Arabino-hexulosa, levulosa, azúcar de frutas está presente en forma libre casi en todas las bayas dulces y frutas. Al entrar en un organismo, la mayor parte de la fructosa es absorbida

rápidamente por los tejidos sin insulina, otra, que es más pequeña, se convierte en glucosa. En fructosa, es necesario concentrarse en los dos primeros símbolos de una fórmula química, en "**C**" y el índice "$_6$".

También es necesario concentrarse en los símbolos en el esquema, que están en la parte inferior derecha, que está en "**OH**".

Galactosa– 31948129879

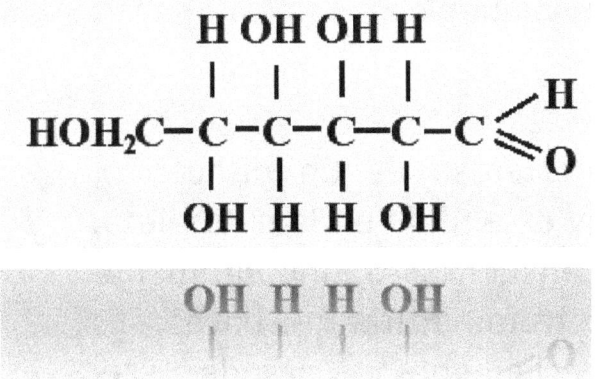

Galactosa ($C_6H_{12}O_6$)

La galactosa no se encuentra en el estado en el producto alimenticio. Es un producto de la escisión del azúcar de la leche. La galactosa se convierte en glucosa en el hígado.

Es necesario concentrarse en el primer símbolo de la fórmula química, – "**C**".

Es necesario concentrarse esquemáticamente en el símbolo "**O**" en la parte derecha del esquema bajo el símbolo "**H**".

Manosa – 56487121891

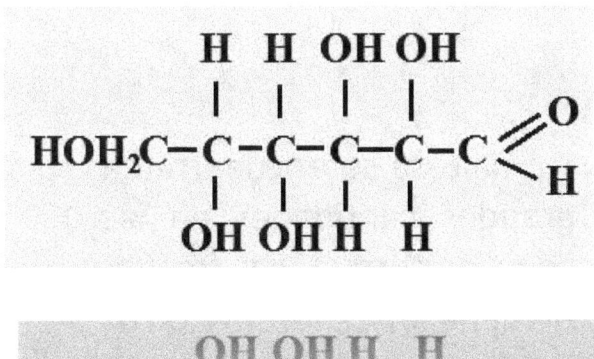

La Manosa (C6H12O6)

Está contenido en forma libre en los cítricos y otras plantas.

Es necesario concentrarse en los dos primeros símbolos de la fórmula química y en los dos símbolos finales de la fórmula química, es decir, en "**c**", el índice "6", el índice "6".

DISACÁRIDOS ($C_{12}H_{22}O_{11}$) – 51949189481

Es necesario concentrarse en toda la fórmula química.

Sacarosa – 31854121981

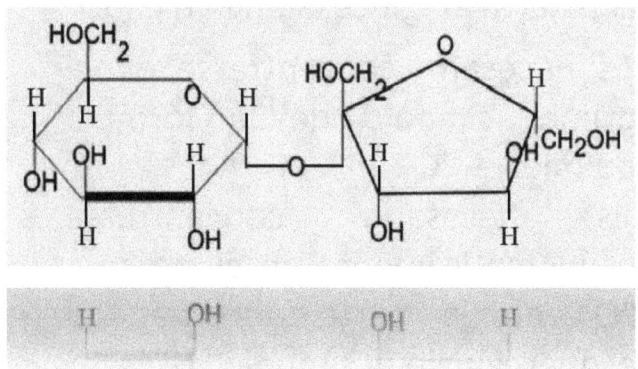

La sacarosa es un disacárido, muy extendido en la naturaleza, se encuentra abundantemente en fruta, frutas y bayas. Es especialmente grande el contenido de sacarosa en la remolacha azucarera y la caña de azúcar.

Al entrar en el intestino, la sacarosa se hidroliza rápidamente por la alfa glucosidasa del intestino delgado en glucosa y fructosa, que luego se absorben en el torrente sanguíneo.

Maltosa – 31841981947

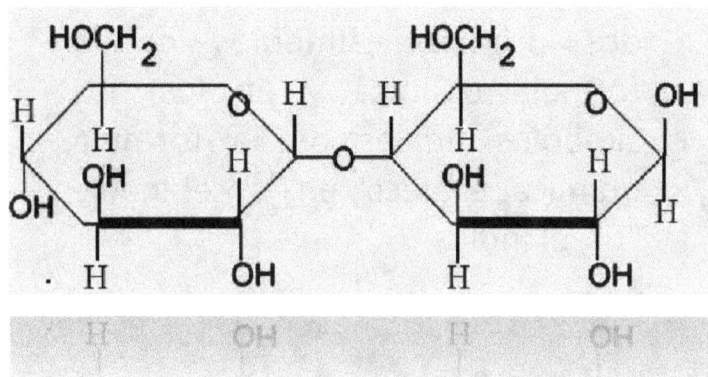

La maltosa se encuentra en grandes cantidades en las semillas germinadas (malta) de cebada, centeno y otros granos; también en los tomates, en el polen y el néctar de varias plantas.

La maltosa es fácilmente ingerida por el organismo humano.

La escisión de la maltosa, hasta dos residuos de glucosa, resulta del efecto de la enzima de la alfa-glucosidasa o maltosa.

Lactosa – 31849121871

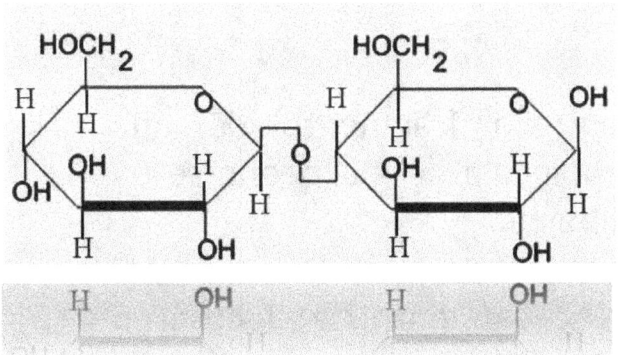

La lactosa (azúcar de la leche) se encuentra en la leche y los productos lácteos.

La lactosa es el más importante carbohidrato durante la lactancia

y en la alimentación artificial de los niños.

La lactosa se corta en el tracto digestivo a glucosa y galactosa bajo la influencia de la enzima lactasa. El valor fisiológico de la lactosa es que es un estimulador del sistema nervioso y sirve como preventivo y remedio en cardio.

ENFERMEDADES VASCULARES

Es fermentada por medio de la flora bacteriana del bifidum en el ácido láctico, que proporciona medios ácidos en el intestino grueso y la supresión del crecimiento de patógenos oportunistas.

En el esquema, es necesario concentrarse en dos símbolos, que son **H** terminada en «**H**», en los símbolos «**O**» y «**H**», en la parte vertical en el esquema.

Durante el trabajo a través de la consciencia con la información del esquema, trata de mover ciertos lazos, como si mentalmente doblaras, aumentaras y extendieras, y verás, que es posible aumentar la calidad de la lactosa en la dirección del desarrollo eterno. Cuando hay lactancia materna o alimentación artificial de los niños, por lo tanto, transfiere la información de la vida eterna a la vez.

POLISACÁRIDOS - 21841981781

Glicógeno – 89121631849

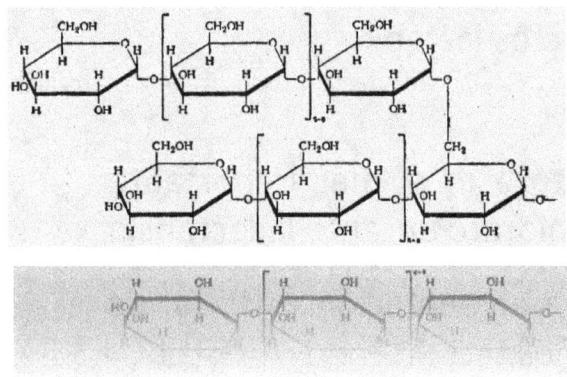

Un pequeño fragmento de una macromolécula de glucógeno se da en el dibujo.

El glucógeno es la forma principal del almacenamiento de glucosa en las células animales.

Es necesario concentrarse en todo el esquema de la fórmula química.

AMINOÁCIDOS – 81421721841

Aminoácidos que participan en la síntesis de proteínas en un organismo humano(aminoácidos)

Los ácidos esenciales «aminoácidos» - no se puede sintetizar en el cuerpo humano y debe llegar a él con alimentos. Son **fenilalanina, metionina, treonina, triptófano, valina, lisina, leucina, isoleucina.**

Los ácidos no esenciales «aminoácidos» – pueden llegar a un organismo por medio del alimento proteico o se pueden formar en un organismo a partir de los otros aminoácidos. Es la **glicina, ácido asparagina, asparagina, ácido glutámico, glutamina, serina, prolina, alanina.**

Condicionalmente - ácidos esenciales «aminoácidos» – para los adultos, se sintetizan en la cantidad suficiente, la ingesta adicional de estos aminoácidos con alimentos es necesaria para los niños para el crecimiento normal de un organismo. Es **arginina e histidina.**

Condicionalmente – ácidos no esenciales «aminoácidos» – los aminoácidos esenciales son necesarios para su síntesis. Es **tirosina y cisteína.**

Alanina (Ala) – 54821428914

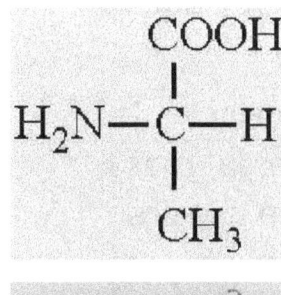

La alanina es un aminoácido no esencial, que se encuentra en muchas proteínas, contribuye a la normalización del metabolismo de la glucosa. La alanina es utilizada por un organismo en varios procesos del intercambio de carbohidratos y energía, fortalece el sistema inmunológico, una fuente de energía para el sistema nervioso. La alanina se encuentra en muchos productos alimenticios; alanina llega a un organismo en la cantidad suficiente con los alimentos equilibrados. La mayor cantidad está contenida en el caldo de carne.

Arginina (Arg) – 51849121849

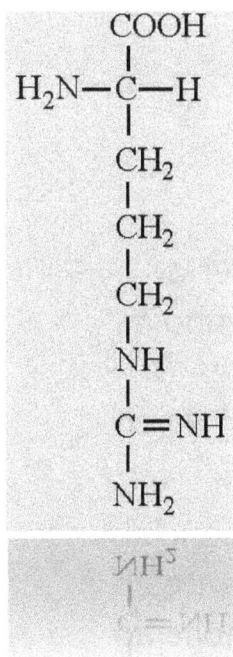

La arginina es un aminoácido condicionalmente esencial. Arginina es producida por un organismo en cantidad suficiente para una persona adulta y saludable. El nivel de síntesis de arginina es a menudo insuficiente en niños y adolescentes, ancianos y enfermos. La arginina es un componente importante del metabolismo en el tejido muscular. Ayuda a mantener el equilibrio óptimo de nitrógeno en el cuerpo. Estimula la secreción de insulina por el páncreas y ayuda a la síntesis de la hormona de crecimiento. Fortalece el sistema inmunológico. Normaliza el metabolismo de las grasas, reduce el nivel de colesterol en la sangre. Alimentos que contienen arginina: chocolate, cocos, productos lácteos, gelatina, carne, avena, cacahuetes, soja, nueces, harina blanca, trigo y gérmenes de trigo.

Asparagina (Asn) – 31849121847

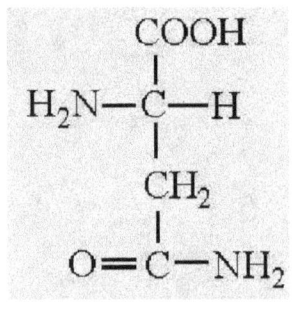

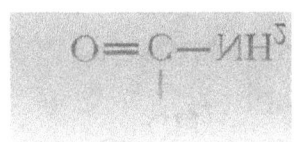

En el esquema de una fórmula química, es necesario concentrarse en los primeros cuatro símbolos situados arriba, es decir, **"C",** **"O", "O", "H",** a continuación, para concentrarse en el reflejo del esquema de la fórmula química a través de una pausa de varios segundos.

La asparagina es un aminoácido no esencial. La asparagina influye en el crecimiento de la masa muscular. Los granos germinados contienen una gran cantidad de asparagina. El amoníaco tóxico está unido por la formación de asparagina a partir del ácido asparagina en un organismo.

La asparagina es necesaria para el mantenimiento del equilibrio en los procesos que ocurren en el sistema nervioso central; previene tanto la excitación excesiva como la inhibición excesiva. Participa en los procesos de síntesis de aminoácidos en un hígado.

Los productos que contienen arginina: productos cárnicos.

Ácido asparagina (Asp) – 81941841971

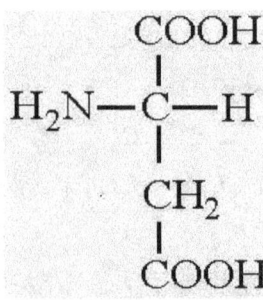

Es necesario concentrarse en los niveles superior e inferior del esquema, es decir, en los cuatro símbolos superiores y cuatro símbolos inferiores. Esto es **"C",** **"O", "O", "H"** y una vez más **"C", "O", "O", "H"** ya en la parte inferior del esquema.

El ácido asparagina – un aminoácido no esencial, aumenta la resistencia y juega un papel importante en el metabolismo. La deficiencia de este aminoácido conduce a la disminución de la energía de las células, que se manifiesta como fatiga crónica.

El ácido asparagina forma las moléculas, que conectan y eliminan las toxinas de la sangre, en combinación con los otros aminoácidos. Participa en las funciones celulares y el trabajo de ADN y ARN - los portadores de la información genética, acelera la síntesis de inmunoglobulina y anticuerpos (sistema inmune).

Los productos que contienen ácido asparagina: proteína vegetal, especialmente en los brotes de semillas.

Valina (Val) –51825444212

$$COOH$$
$$|$$
$$H_2N—C—H$$
$$|$$
$$H_3C—CH$$
$$|$$
$$CH_3$$

Para la valina en el diagrama, es necesario concentrarse en los tres símbolos inferiores de la fórmula química - es «**C**», «**H**», el índice «**₃**».

Valina es un aminoácido esencial.
Se encuentra en casi todas las proteínas conocidas.

Es uno de los principales componentes en el crecimiento y síntesis de tejidos corporales.
Sirve como una fuente de energía en las células musculares, previene la reducción de los niveles

de serotonina. Valina aumenta la coordinación muscular y reduce la sensibilidad del cuerpo al dolor, el frío y el calor.

Los productos que contienen valina: carne, huevo, leche de vaca, nueces, harina de trigo, harina de maíz, arroz, que no se pela, guisantes secos.

Histidina (Su) – 81431821971

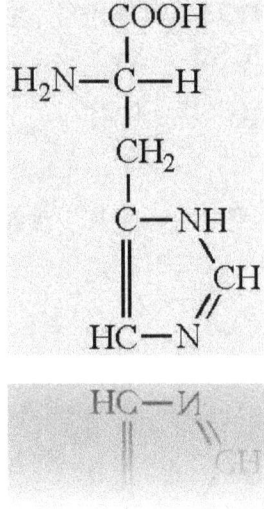

Es necesario concentrarse en los cuatro símbolos superiores, es decir, **"C"**, **"O"**, **"O"**, **"H"** en el esquema de la fórmula química.

La histidina es un aminoácido condicionalmente esencial.

La histidina se encuentra en los centros activos de muchas enzimas. Es un precursor en la biosíntesis de la histamina, promueve el crecimiento y la restauración de los tejidos.

La histidina participa en el metabolismo de las proteínas; se encuentra en grandes cantidades en hemoglobina. Es uno de los reguladores de la coagulación de la sangre.

Alimentos que contienen histidina: carne de res, soja, cacahuetes, lentejas, plátanos, pescado.

Glicina (Gly) – 51215427891

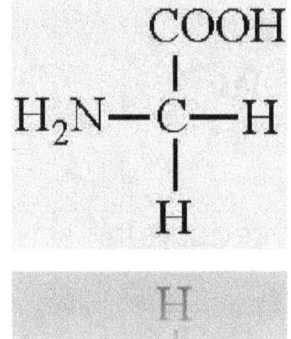

Para la glicina, es necesario concentrarse en toda la fórmula química. La glicina es un aminoácido no esencial. La glicina es una parte de muchas proteínas y compuestos biológicamente activos. Es necesario para el funcionamiento normal del músculo. Acelera el crecimiento del tejido óseo. La glicina mejora el sistema inmunológico, disminuye el nivel de colesterol en la sangre.

Ayuda a normalizar la presión arterial y los niveles de azúcar en la sangre. La glicina es también un neurotransmisor aminoácido. Los receptores de glicina se encuentran en muchas partes del cerebro y la médula espinal. La glicina causa una "inhibición" efecto en las neuronas. La glicina inhibe las neuronas motoras en la médula espinal.

Alimentos que contienen glicina - carne, semillas y cereales.

Glutamina (Gln) – 31849121871

Es necesario concentrarse en todo el esquema de la fórmula química.
La glutamina es un aminoácido no esencial.

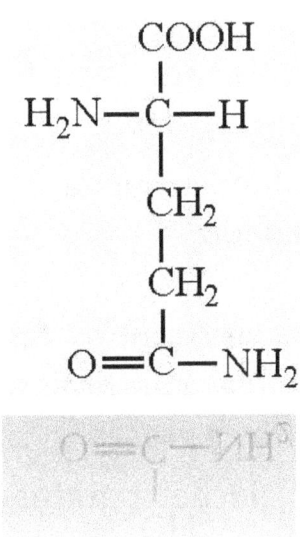

La glutamina es uno de los principales aminoácidos del cuerpo. Un gran suministro de glutamina se concentra en los tejidos musculares.

El organismo puede reproducir toda la glutamina que necesita en las circunstancias fisiológicas normales.

La glutamina participa en el proceso de regulación de la síntesis de proteínas; aumenta el volumen de células; regula el nivel de amoníaco; fortalece el sistema inmunológico; mantiene el equilibrio ácido-alcalino.

Tiene un fuerte impacto en los procesos anabólicos, y así sucesivamente. La glutamina apoya las funciones vitales del cerebro, los riñones, los pulmones, el intestino, el sistema inmunitario.

Cuando el estado del cuerpo físico se ve afectado, cuando la glutamina no se recibe con alimentos, el organismo comienza a gastar las reservas musculares de glutamina.

Alimentos que contienen glutamina: trigo, centeno, leche, patatas, nueces, cerdo, carne de res, soja, perejil, espinacas.

Ácido glutámico (Glu) – 51849121948

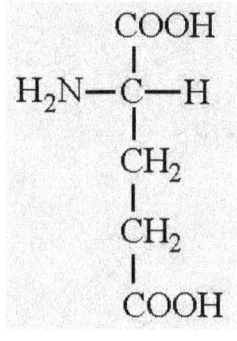

Es necesario concentrarse en la parte superior e inferior cuatro símbolos en el esquema estructural de la fórmula química: en la parte superior –«**C**» «**O**», «**O**», "**H** "y en la parte inferior de la fórmula estructural «**C**», «**O**», «**O**», «**H**».

Es un aminoácido no esencial. El ácido glutámico juega un papel importante en el metabolismo nitrogenado.

El ácido glutámico tiene un efecto excitatorio sobre las neuronas, una fuente de energía para las células cerebrales, implicado en los intercambios de carbohidratos y grasas.

Alimentos que contienen ácido glutámico: trigo, centeno, leche, patatas, nueces, cerdo, carne de res, soja.

Isoleucina (Ile) – 51521428198

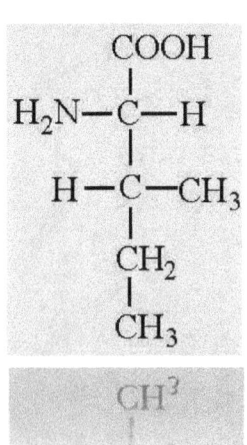

Es necesario concentrarse en los tres símbolos inferiores en la versión estructural de la fórmula química: en "**C**", «**H**", índice «**3**». La isoleucina es un aminoácido esencial.

Es parte de todas las proteínas naturales. Participa en el intercambio de energía. Juega un papel importante en la formación de tejido muscular.

Alimentos que contienen isoleucina: leche, carne, huevos, avellanas.

Leucina (Leu) – 51851481891

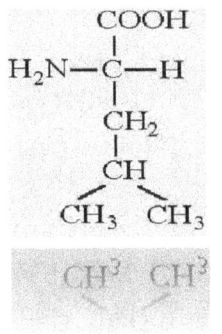

Es necesario concentrarse en la fórmula estructural en los seis símbolos inferiores – «**C», «H»**, índice «₃» a la izquierda, y «**C**» «**H**» índice «₃» en la parte derecha de la fórmula estructural. La leucina es un aminoácido esencial.

La leucina produce alrededor del ocho por ciento de todos los aminoácidos en el organismo, y es el cuarto aminoácido en los tejidos musculares debido a la concentración.

La leucina desempeña un papel importante en la síntesis de proteínas. Es necesario para la construcción y desarrollo del tejido muscular. Es importante para el funcionamiento normal del sistema inmunitario. Disminuye el azúcar en la sangre y promueve la curación rápida de heridas y huesos. La leucina previene la sobreproducción de serotonina y la aparición de la fatiga asociada con este proceso.

Alimentos que contienen leucina: nueces, arroz integral, productos integrales.

Lisina (Lys) – 81421721849

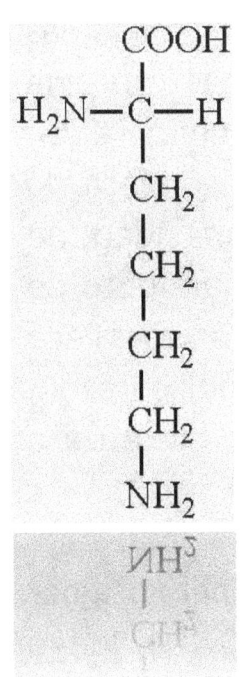

Es necesario concentrarse en los niveles superior e inferior en la fórmula estructural, es decir, en los cuatro símbolos superiores y en los tres inferiores. Los cuatro símbolos superiores son "**C**", "**O**", "**O**", "**H**". Los tres inferiores son "**N**", "**H**", índice "₂".

La lisina es un aminoácido esencial, que se encuentra en casi cualquier proteína, es necesario para el crecimiento, reparación de tejidos, producción de anticuerpos, hormonas, enzimas, albúminas.

Lisina participa en la formación de colágeno y reparación de tejidos, mejora la absorción de calcio de la sangre y lo transporta en el tejido óseo. Productos que contienen lisina - patatas, leche, carne, huevos, soja, trigo, lentejas.

Metionina (Met) – 54812145489

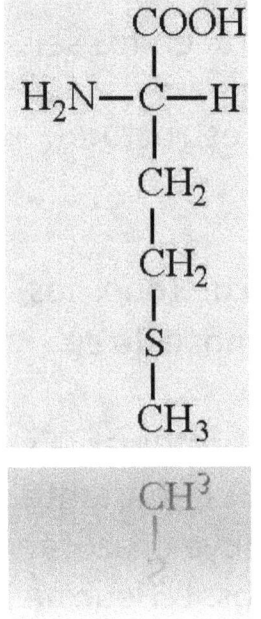

Es necesario concentrarse en los cuatro símbolos superiores - **"C," "O," "O,"H"** en la fórmula estructural .

La metionina es un aminoácido esencial, que se encuentra en muchas proteínas. Una cantidad significativa de metionina se encuentra en caseína.

La metionina es una fuente de azufre en el organismo en la biosíntesis de la cisteína, ayuda a prevenir la formación de reservas de grasa en el hígado. Es la clave para la formación de piel sana, cabello, uñas, apoya el crecimiento del cabello, afectando a los bulbos capilares. Permite bajar el colesterol, promueve la retirada de metales pesados del organismo. Está involucrado en la prevención del envejecimiento del cuerpo.

Alimentos que contienen metionina - huevos, pescado, nuez brasileña, hígado, maíz, avena.

Prolina (Pro)– 21949121781

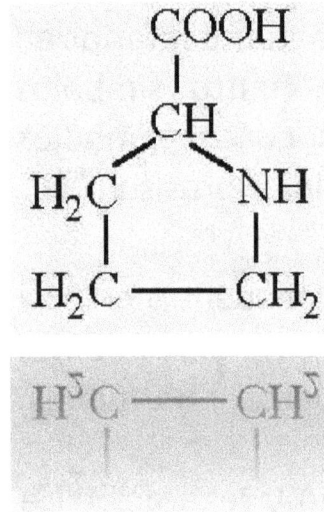

Se cree que la prolina se encuentra en todas las proteínas de todos los organismos. La proteína principal del tejido conectivo - colágeno - es especialmente rica en prolina. Prolina mejora la cicatrización de la herida, mejora la capacidad de aprendizaje, es importante para el funcionamiento de la superficie del cartílago de las articulaciones, fortalece los ligamentos, tendones, y un músculo del corazón, mejora la condición de la piel. Prolina se sintetiza a partir del ácido glutámico en un organismo.

Durante la concentración en la fórmula estructural, es necesaria para asignar la vinculación entre la parte compuesta superior, es decir, "**COOH**", y luego «**CH**», que tiene la vinculación con esa parte a través de la información de la interacción posterior. Es necesario tratar de mover mentalmente dos áreas de información a nivel de la consciencia, correspondientes a **"COOH"** y **"CH"**. Por lo tanto, es posible mejorar la cicatrización de las heridas y crear la situación de información que las heridas no aparecerían.

Los productos que contienen prolina – productos cárnicos.

Serina (Ser)– 81421821781

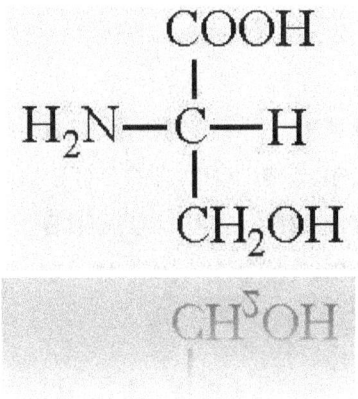

Es necesario concentrarse en toda la fórmula estructural de la serina y en la parte reflejada de esta fórmula estructural.

Serina es un aminoácido no esencial. Participa en la formación de glucógeno en el hígado y los músculos, fortalece el sistema inmunológico.

Alimentos que contienen serina - huevos, leche, carne, avena, maíz.

Tirosina (Tyr)– 89149121871

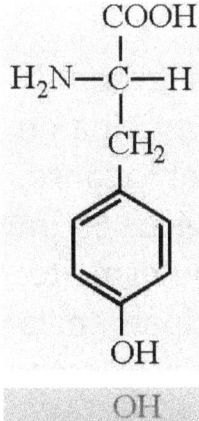

Tirosina es un aminoácido convencionalmente no esencial. Se sintetiza a partir de fenilalanina. La Tirosina se encuentra en las

proteínas de todos los organismos vivos conocidos. Tirosina es un componente de las enzimas, en muchos de los cuales la tirosina tiene un papel clave en la actividad enzimática y su regulación. La Tirosina es importante para el trabajo normal de las glándulas suprarrenales, tiroides, glándula pituitaria.

La tirosina es necesaria para la formación de eritrocitos y leucocitos, participa en la síntesis de Melanina. Tirosina causa un aumento de la producción de la hormona de crecimiento por hipófisis.

Es necesario concentrarse en los cuatro símbolos superiores de tirosina - **"C"**, **"O"**, **"O"**, **"H"** en la fórmula estructural al concentrarse en la parte reflejada de la fórmula estructural, la tirosina puede activar la glándula pituitaria y obtener los procesos correspondientes al control de clarividencia, pronosticando el control para desarrollar tales capacidades.

Los productos que contienen tirosina – leche, guisantes, huevos, cacahuetes, frijoles, almendras, aguacates, plátanos, productos lácteos, calabaza, semillas de girasol.

Treonina (Thr) – 81421721849

Es necesario concentrarse en toda la fórmula estructural y en la parte reflejada de la fórmula estructural. Durante la concentración en tres símbolos, que se encuentran en la parte inferior de una fórmula estructural de la treonina, es decir, en **"C"**, **"H"**, el índice **"₃"**, es posible aumentar las capacidades creativas en la dirección del desarrollo eterno.

Si sólo miras mentalmente durante algún tiempo estos símbolos: **"C"**, **"H"**, índice **"₃"**, entonces se puede ver, que el estado de la creatividad está aumentando. Puede permitirle hacer el trabajo de forma más rápida y creativa. Esta característica es importante en el rápido desarrollo de las tecnologías del desarrollo eterno y la vida eterna.

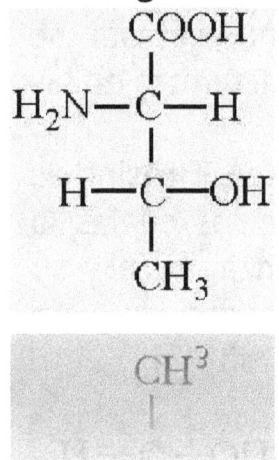

La treonina es un aminoácido esencial. La treonina promueve la escisión de grasas en el hígado, participa en la síntesis de inmunoglobulinas y anticuerpos, por lo tanto, apoya el estado normal del sistema inmunológico. Es un componente de colágeno, elastina y proteína de esmalte. Normaliza el tracto gastrointestinal. Al participar en la síntesis de purinas, promueve la eliminación de la urea. Participa en la regulación de los impulsos nerviosos, reduce la depresión.

Los productos que contienen treonina – leche, huevos, guisantes, trigo, carne de res.

Triptófano (Trp) – 18545118197

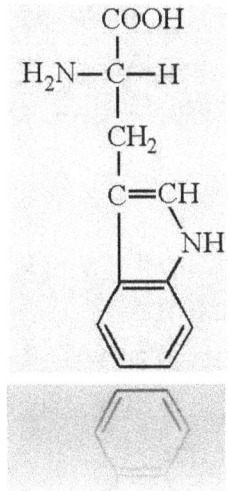

Es necesario concentrarse en toda la fórmula estructural. Es necesario hacer la concentración adicional y percibir mentalmente los átomos de carbono –**"C"** en esta fórmula estructural, en la parte inferior, alrededor de las esquinas hexagonales de un anillo de benceno.

Triptófano es un aminoácido esencial. Los derivados del triptófano mejoran una función cerebral - normalizan el sueño, apetito, estado de ánimo. El ácido nicotínico y la serotonina se sintetizan a partir del triptófano en el organismo. Una cantidad suficiente de triptófano en el

organismo asegura el funcionamiento normal del sistema inmunológico, niveles normales de colesterol.

Productos que contienen triptófano - anacardos, leche, huevos, avena, plátanos, dátiles secos, cacahuetes, semillas de sésamo, piñones, leche, yogur, queso cottage, pescado, carne de pollo, pavo.

Fenilalanina (Phe) – 18542124319

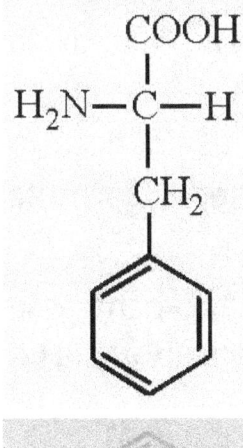

Es necesario visualizar la presencia del símbolo de carbono **"C"** en la parte inferior de la fórmula estructural, en el área de las esquinas del hexágono - el anillo de benceno.

La fenilalanina es un aminoácido esencial. Tirosina se sintetiza a partir de fenilalanina. Las hormonas también se sintetizan a partir de fenilalanina, uno de los cuales mejora la conducción de los impulsos nerviosos al cerebro, mejora el trabajo de memoria, es un antidepresivo. Fenilalanina participa en la síntesis de un pigmento de melanina,

desempeña un papel importante en la síntesis de insulina, Tiroxina. Los productos que contienen fenilalanina – leche, avellana, arroz, cacahuete, huevos, aceite de soja, productos de panadería, queso cottage, almendras, calabaza y semillas de girasol y de sésamo.

Cisteína (Cys)– 81949121748

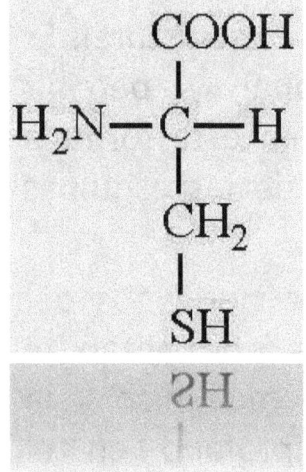

La cisteína es un aminoácido convencionalmente no esencial. Se puede sintetizar en el cuerpo de metionina y serina.

La cisteína es esencial para el crecimiento del cabello y las uñas. Neutraliza los metales pesados. Antioxidante.

En la fórmula estructural, es necesario concentrarse en el símbolo del lado derecho - en el símbolo **"H."**. Entonces es necesario percibir la radiación de la unión entre el símbolo **"H"**- hidrógeno y el símbolo **"C"**– carbono y ver el sistema de la organización de la molécula a nivel universal. Es decir, tratar de encontrar un nivel universal de la creación de cualquier sustancia. Cuando comienzas a eliminar los enlaces de estos dos átomos – carbono e hidrógeno – en tu consciencia, entonces la radiación que proviene de su vinculación comienza a llevar tu consciencia al nivel de la organización de cualquier sustancia, es decir, donde esta información está presente. Por lo tanto, surge el nivel, que puede ser llamado como el nivel de dirección de la consciencia en la estructura de la información necesaria debido a la acción preliminar de la consciencia.

Para neutralizar los metales pesados más rápidamente, es necesario centrarse en el símbolo **"C"** situado en el segundo nivel de la fórmula estructural, es decir, a la izquierda del símbolo **"H"**.

Para utilizar la fórmula estructural como antioxidante, es necesario centrarse más en los dos símbolos inferiores de la fórmula química, es decir «**C**» y «**H**».

Alimentos que contienen cisteína: huevos, avena, maíz, aves de corral, cerdo, huevos, productos lácteos, pimiento rojo, cebolla, ajo, coles de Bruselas, brócoli.

PROTEÍNAS – 81421721981

Las proteínas son moléculas orgánicas complejas, que cuantifican todas las demás moléculas que componen una célula viva.

Es posible contemplar tal proceso por concentración mental en una molécula de proteína, que cuando, por ejemplo, la próxima concentración en una molécula de proteína por el alma, la radiación del alma, la creación de información de la segunda molécula de proteína puede ser detectada, por lo tanto, para considerar el origen de la vida a expensas de la acción de su pensamiento y su alma. Este proceso también es útil si necesita renovar las células del cuerpo.

Hay miles de variedades de proteínas en el organismo humano, las hormonas, enzimas, anticuerpos consisten en ellos. Las proteínas se sintetizan en el organismo a partir de los aminoácidos. Una combinación diferente de 20 aminoácidos mencionados anteriormente da una variedad única de moléculas de proteína.

En el desarrollo de las tecnologías de control debidas a la consciencia, es posible crear aminoácidos mediante la interacción de la consciencia con los aminoácidos situados en el organismo, de este modo, para abordar la posibilidad de funcionamiento corporal sólo a expensas de la consciencia. La creación de un aminoácido conduce a la creación de una molécula de proteína. Y, está claro, que es posible mejorar la estructura del cuerpo a expensas de la consciencia, restaurar el proceso a nivel de los conceptos generales. El control de la consciencia acelera un proceso regenerativo, por ejemplo. En consecuencia, también es posible crear un aminoácido de acuerdo con el principio, descrito en este libro, debido a la acción del alma, la consciencia, el espíritu, y debido al hecho que el cuerpo percibiría el punto de la creación. En este caso, es importante, que la reacción del cuerpo sea dinámica. Es necesario considerarlo en el lugar de la creación, para que el cuerpo fuera como si reaccionara plásticamente al aminoácido creado. Entonces se manifestará físicamente y puede surgir no sólo debido a la nutrición, sino también a través de pensarlo, debido a la acción de la consciencia.

Todas las proteínas se dividen en simples y complejas por su composición. Las proteínas simples se componen sólo de aminoácidos. La composición proteica compleja incluye los otros productos químicos y elementos además de los aminoácidos.

Para crear proteínas u otras sustancias y elementos químicos, se puede utilizar la serie numérica **81421721841.**

Para crear el aminoácido necesario en las proteínas complejas, puede concentrarse en la siguiente serie: **81881849818.**

Por debajo de las formaciones proteicas, más importantes para la vida humana, se considerarán con más detalle.

ENZIMAS- 31941851481

Las enzimas son los catalizadores biológicos, aceleradores de reacciones bioquímicas, que se producen constantemente en las células vivas del cuerpo humano, animales, plantas.

Cada reacción bioquímica es catalizada por una enzima específica.

Es necesario saber que se forman constantemente nuevas enzimas en el organismo humano, ya que el tiempo de existencia y funcionamiento de la enzima varía de unos minutos a varias horas. Al mismo tiempo, es necesario formar de antemano nuevas enzimas a través de su consciencia en la tecnología del desarrollo eterno, para que no haya carga adicional en el elemento, cuando se forma la siguiente enzima, y la enzima anterior continua activa. Por lo tanto, es necesario establecer el control de la formación de enzimas, para que cada enzima se forme en el momento adecuado, hasta segundos y milisegundos. Aquí puede considerar la función del tiempo, que siempre es precisa, independientemente del tiempo de control. Para ello, debe aplicar la serie numérica **819481**. Entonces la corrección de tiempo, es decir, la precisión del control de tiempo viene independientemente de su acción. Es decir, puedes hacerlo ahora, y la estructura de la realidad funcionará en el momento adecuado de tal manera, que tu control será entregado al lugar correcto.

Alrededor de 3.000 enzimas se han encontrado en el organismo humano. Puedes contemplar mentalmente los tres mil e inmediatamente asignar aquellas, que necesitan ser normalizadas. Existe la siguiente secuencia numérica para este propósito:

849715219 6148

Según la clasificación internacional en la Nomenclatura de enzimas, que fue desarrollada por la Comisión de Enzimas de la Unión Bioquímica Internacional y aprobada en el V Congreso Internacional de Bioquímicos en 1961 en Moscú, todas las enzimas que se encuentran en las células vivas se pueden dividir en 6 grupos.

La última actualización de la Nomenclatura de 1995, incluye más de 3 500 enzimas.

La clasificación de las enzimas no tiene en cuenta su estructura proteica. El código de clasificación CE detecta una reacción química catalizada por una enzima. Por esta razón, las enzimas similares (a veces docenas) de diferentes organismos tienen una CE, a pesar de las diferencias estructurales.

La clasificación internacional de enzimas incluye los nombres de las enzimas que se encuentran en los tejidos de todos los organismos vivos - humanos, animales, plantas y bacterias.

LISTA DE LAS PRINCIPALES CLASES DE ENZIMAS

1. OXIDORREDUCTASAS – 84121811841

Apoyan las reacciones "redox" «Reducción-Oxigenación» y/o «reducción-oxidación» en las células.

Oxidorreductasas (EC 1.1) – 53148184748
Las enzimas que interactúan con CH — OH grupo de donantes.

Alcohol deshidrogenasa (EC 1.1.1.1) – 31849121748
Cataliza la oxidación de alcoholes y acetales a aldehídos y cetonas en presencia de nicotinamida adenina dinucleótida.

Lactato deshidrogenasa (EC 1.1.1.27) — 14825429881
Participa en las reacciones de glucólisis. La lactasa deshidrogenasa cataliza la transformación del lactato en piruvato.

Malato deshidrogenasa (EC 1.1.1.37) — 18948121749
Cataliza la reacción de oxidación del (s)-malato a oxaloacetato utilizando NAD+ como aceptor de electrones en la última etapa de un ciclo de Krebs.

Glucosa-6-fosfato deshidrogenasa (EC 1.1.1.49) – 31848121647
Una enzima citosólica, entrando en una vía de fosfato pentosa, vía metabólica, proporcionando la formación del NADF-N celular, que es necesario para el mantenimiento del nivel del glutatión restaurado en una célula, la síntesis de ácidos grasos e isoprenoides.

3-hidroxi-3-metilglutaril-coenzima A reductasa (EC 1.1.1.88) – 58131421861
Cataliza la síntesis de ácido mevalónico, una etapa clave de la síntesis de colesterol.

11o-hidroxiesteroide deshidrogenasa tipo 1 (EC 1.1.1.146) – 51861421971

Enzima humana, convierte el cortisol más activo en una cortisona y viceversa.

Glucosa Oxidasa (EC 1.1.3.4) — 81421348967

La **glucosa** oxidasa cataliza la **oxidación** de β-D-**glucosa** en D-glucono-1,5-**lactona**, que es hidrolizada a ácido glucónico.

Oxidorreductasas (EC 1.2) – 21851421671

Las enzimas que interactúan con donantes aldehídicos o oxo-grupo.

Oxidorreductasas (EC 1.3) – 51841921781

Las enzimas que interactúan con CH — Grupo de donantes de CH.

15-Oxoprostaglandina-13-reductasa (EC 1.3.1.48) (una prostaglandina reductasa 1) – 81421831961

Cataliza la transformación de leucotrieno B4 en el 12-oxo-leucotrieno B4, inactiva leucotrieno B4.

Oxidorreductasas (EC 1.4) – 51721849161

Las enzimas, interactuando con el CH — NH2 grupo de donantes.

Oxidorreductasas (EC 1.5) – 31454649871

Las enzimas que interactúan con CH — grupo NH de donantes.

Metilentetrahidrofolato-reductasa (EC 1.5.1.20) – 31841721841

La enzima intracelular desempeña un papel clave en el metabolismo del folato y la metionina.

Oxidorreductasas (EC 1.6) – 51481321941

Las enzimas, interactuando con NADH o NADPH.

Oxidorreductasas (EC 1.7) – 31841921671

Las enzimas, interactuando con los otros compuestos que contienen nitrógeno como donantes.

Oxidorreductasas (EC 1.8) – 51421721861

Las enzimas, interactuando con el grupo de donantes que contiene azufre.

Sulfirredoxina (EC 1.8.98.2) – 13142121861

Cataliza la reacción de restauración de la forma oxidada de las enzimas antioxidantes de las peroxirredoxinas.

Oxidorreductasas (EC 1.9) – 36121891748

Las enzimas, interactuando con el grupo hemo de donantes.

Oxidorreductasas (EC 1.10) – 51861721971

Las enzimas, interactuando con los difenoles y compuestos relacionados como donantes.

Oxidorreductasas (EC 1.11) – 51721841961

Las enzimas, interactuando con el peróxido como un aceptador (peroxidasa).

Catalasa (EC 1.11.1.6) – 57864159879

Cataliza la descomposición del peróxido de hidrógeno, formado en el proceso de oxidación biológica, en el agua y el oxígeno molecular, y oxida también los alcoholes y nitritos bajos moleculares en presencia del peróxido de hidrógeno. Se encuentra casi en todos los organismos; participa en la respiración tisular.

Mieloperoxidasa (EC 1.11.1.7) – 54931721841

La enzima de los lisosomas de los glóbulos blancos de los neutrófilos, forma hipoclorito-anión, que, si bien es oxidante fuerte, posee efecto bactericida no específico. Es posible considerar durante el trabajo con esta enzima, que la concentración adicional en los tres primeros números de esta serie, correspondiente a la enzima, permite fortalecer la acción bactericida. En general, es aconsejable transferir muchas funciones a la consciencia tan pronto como sea posible en la estructura del desarrollo eterno, las que se llevan a cabo por las enzimas y otros sistemas de un organismo. Por lo tanto, el trabajo con la normalización de la composición de los elementos químicos a través de la concentración numérica permite desarrollar el mecanismo exacto sistémico, cuando para cada enzima, para sus funciones, para cada sistema de un organismo, si se utilizan también los otros trabajos relativos a un organismo, es posible desarrollar un sistema de control numérico preciso, que permita controlar, con el nivel exacto de control para transferir los procesos de funcionamiento de un organismo a la base espiritual , cuando el cuerpo físico es controlado debido a la acción del espíritu, el alma y la consciencia, y también es creado por ellos. En este caso, también durante este tipo de trabajo, todas las situaciones externas se transforman rápidamente en los niveles, que son favorables para una persona, ya que la energía del cuerpo creado permite dirigir los acontecimientos futuros en el mejor lado de la vida eterna, debido a la acción de la personalidad humana.

Peroxirredoxinas (EC 1.11.1.15) – 53121864191

El grupo de enzimas antioxidantes, descompone los peróxidos, que son peligrosos para los seres vivos, para el agua.

Oxidorreductasas (EC 1.12) – 54948121947

Las enzimas, interactuando con el hidrógeno como donante.

Oxidorreductasas (EC 1.13) – 54854648971

Las enzimas, interactuando con los donantes individuales con la inserción del oxígeno molecular (oxigenasas).

Lipoxigenasas (EC 1.13.11) – 51849121981

Un grupo de enzimas que contienen hierro, catalizando la reacción de la desoxigenación a los ácidos grasos poliinsaturados.

Lipoxigenasa (EC 1.13.11.12) – 51481931961

Araquidonato 12-lipoxigenasa (EC 1.13.11.31) –54864121978

Araquidonato 15-lipoxigenasa (EC 1.13.11.33) –81931721848

Araquidonato 5-lipoxigenasa (EC 1.13.11.34) – 58121961971

Araquidonato 8-lipoxigenasa (EC 1.13.11.40) – 48121961978

Oxidorreductasas (EC 1.14) – 51684121978

Las enzimas que interactúan con la pareja donantes con la inserción del oxígeno molecular.

Aldosterona sintasa (EC 1.14.15.4) – 51649121978

Enzima de un humano que actúa en el proceso de biosíntesis de la hormona de la aldosterona.

Triptófano hidroxilasa (EC 1.14.16.4) – 71861721978

Participa en la síntesis de serotonina y melatonina.

Tirosinasa (EC 1.14.18.1) – 51684121971

La enzima cuprísica, que cataliza la oxidación de los fenoles, por ejemplo, de tirosina. Está muy extendida en muchos seres vivos. Tirosinasa cataliza la síntesis de melanina y otros pigmentos de su precursor de la tirosina.

Ciclooxigenasa (EC 1.14.99.1) – 31681421871

Participa en la síntesis de prostanoides – prostaglandinas, prostaciclinas y tromboxanos.

17-alfa-hidroxilasa (EC 1.14.99.9) – 51864121978

Una enzima humana. Al catalizar la unión del grupo hidroxilo a la pregnenolona y la progesterona en una posición del átomo 17 de carbono, 17-alfa-hidroxilasa promueve su transformación respectivamente en el 17-hidroxipregnenolona y 17-hidroxiprogesterona.

Oxidorreductasas (EC 1.15) – 61971854981

Las enzimas, interactuando con el superóxido radical como aceptadores.

Superóxido dismutasa (EC 1.15.1.1) – 61984121978

Se relaciona con el grupo de las enzimas antioxidantes. Protege el cuerpo humano de los radicales de oxígeno altamente tóxicos constantemente formados.

Oxidorreductasas (EC 1.16) – 71849121964

Las enzimas, oxidando los iones de los metales.

Ceruloplasmina (EC 1.16.3.1) – 81964121978

La proteína cupriferos «cuproproteína» es una glicoproteína, que se encuentra en el plasma sanguíneo. La ceruloplasmina contiene aproximadamente el 95% de la cantidad total de cobre del suero de la sangre humana. Cataliza la oxidación de polifenoles y poliaminas en el plasma sanguíneo.

Oxidorreductasas (EC 1.17) – 61971421981

Las enzimas, interactuando con los grupos CH o CH2.

Xantina Oxidasa (EC 1.17.3.2) – 56484121979

Es la oxidorreductasa que contiene molibdeno, cataliza la oxidación de hipoxantina en xantina y xantina en el ácido úrico.

Oxidorreductasas (EC 1.18) – 49754121861

Las enzimas que interactúan con las proteínas de hierro y azufre como donantes.

Oxidorreductasas (EC 1.19) – 54974121981

Las enzimas que interactúan con la flavodoxina restaurada como donante.

Oxidorreductasas (EC 1.20) – 54864121971

Las enzimas que interactúan con el fósforo o el arsénico como donante.

Oxidorreductasas (EC 1.21) – 64874121981

Las enzimas que interactúan con las moléculas de los tipos X — H y Y—H con la formación del enlace X — Y.

Oxidorreductasas (EC 1.22) – 54864121871

Las enzimas que interactúan con halógenos como donante.

Oxidorreductasas (EC 1.97) – 64854974961

Para las otras oxidorreductasas, una secuencia numérica es la siguiente:**54867121981.**

2. TRANSFERASAS – 58149129681

Ellas mueven los fragmentos de algunas moléculas a otras moléculas.

Transferasas (EC 2.1) – 54846121871
Las enzimas que transfieren un grupo de un carbono.

Transferasas (EC 2.2) – 54651831841
Las enzimas que transfieren grupos aldehídicos y cetónicos.

Transferasas (EC 2.3) – 54871854961
La enzima que cataliza la transferencia del grupo funcional acilo (aciltransferasas).

Síntesis de ácidos grasos (EC 2.3.1) – 61849129748
Las enzimas sintetizan ácidos grasos.

Lecitina colesterol aciltransferasa (EC 2.3.1.43) –18421721681

La enzima que convierte el colesterol libre de lipoproteínas de alta densidad en los ésteres de colesterol, que son más hidrofóbicos forma de colesterol. Resulta en la clarificación de los tejidos periféricos del colesterol.

Histona acetiltransferasa (EC 2.3.1.48) – 51841671481

La enzima, acetilar los residuos de lisina en las histonas. Activan la transcripción del ADN.

Arilalquilamina-N-acetiltransferasa (EC 2.3.1.87) – 48948121868

La enzima epifísica, que regula los ritmos circadianos de un humano y los animales, una "enzima del tiempo". Es posible ver aquí, que el tiempo para un organismo es un valor derivado, basado en la interacción de su consciencia con la eternidad. La sustancia de cualquier organismo puede surgir de este contacto, y el humano ya nacido puede más bien crear la cantidad eterna del propio desarrollo debido al conocimiento de esta naturaleza de interacción. Por lo tanto, es posible implementar el plan material a nivel de la información de la enzima, y la concentración en los números crea un cierto sistema de desarrollo de los eventos futuros. En la percepción se mira el nivel de óptica de luz, de tal manera que un cierto camino de luz se desarrolla durante un tiempo infinito. Y, no importa cómo se desarrollaría, la parte, que no se despliega, permanecería casi idéntica en el volumen, todo el tiempo. Este principio es también un derivado para la creación de la enzima epifísica.

Cuando se tiene una gran cantidad de control relacionado también con las enzimas, es necesario asignar una estructura simple de auto sensación de un organismo, cuando la creación se produce debido a la cognición y la comprensión. El elemento de la cognición en sí también contiene el elemento de la creación de un organismo. Se manifiesta de manera material a nivel de enzimas, en forma de efecto de enzimas. Por lo tanto, la estructura de la cognición se establece en la dinámica física de las enzimas, y es posible reconocer los niveles necesarios debido a la contemplación de los efectos de la enzima a través de la propia consciencia.

La enzima pertenece a las acetiltransferasas y controla la síntesis de la hormona melatonina.

Gamma-glutamil transferasa (EC 2.3.2.2) –14825427981

Participa en el intercambio de aminoácidos. Está en el hígado, páncreas, riñones. Es posible averiguar durante el control con el número de serie de esta enzima, que si se utilizan los primeros cinco números de una fila, entonces es posible normalizar el trabajo de los órganos internos, teniendo en cuenta, que también funcionarán normalmente en el futuro, es decir, poner a la vez un elemento de la información futura. Se encuentra en el hígado, páncreas, riñones.

Citrato sintasa (EC 2.3.3.1) – 51854648978

Cataliza la reacción de la condensación de acetato, proveniente del oxaloacetato; por lo tanto, se forma citrato. La enzima se encuentra en una matriz mitocondrial eucariota; sin embargo, está codificado por un genoma nuclear. La síntesis se lleva a cabo en el citoplasma ribosomas, y luego la sintasa del citrato se transporta en la matriz de las mitocondrias.

Transferasas (EC 2.4) – 54649121864

Las enzimas que transfieren los residuos de azúcares (glicosiltransferasa).

Transferasas (EC 2.5) – 67484124891

Las enzimas que transfieren los grupos de alquilo y arilo, excepto el residuo de metilo.

Transferasas (EC 2.6) – 58964121971

Las enzimas que transfieren los grupos de átomos, que contienen nitrógeno.

Aspartato aminotransferasa (planta de calentamiento nuclear, AST) (EC 2.6.1.1) –14858211498

La enzima endógena del grupo de transferencias, el subgrupo de aminotransferasas, que se utiliza ampliamente en la práctica médica para el diagnóstico de laboratorio de la condición del miocardio y el hígado. El aspartato aminotransferasa se sintetiza intracelularmente, y normalmente sólo una pequeña parte de esta enzima entra en la sangre.

Alanina aminotransferasa (ALT, ALAT) (EC 2.6.1.2) –18248212198

La enzima endógena del grupo de las transferasas, el subgrupo de aminotransferasas, que es ampliamente utilizado en la práctica médica para el diagnóstico de laboratorio de la condición del hígado. La alanina aminotransferasa se sintetiza intracelularmente, y normalmente sólo una pequeña parte de esta enzima entra en la sangre.

Transferasas (EC 2.7) – 64974121861
Las enzimas que mueven los residuos que contienen fósforo.

Hexoquinasa (EC 2.7.1.1) – 29864129748

Una enzima citoplasmática de una clase de transferasas. Se encuentra en todos los tejidos, a excepción de un parénquima hepática, cataliza la reacción de glucólisis – el proceso de la escisión consecutiva de glucosa en las células, que es seguido por la síntesis de ATP.

Glucoquinasa (EC 2.7.1.2) – 64974989471

La enzima está generalmente presente en los hepatocitos, en las células del páncreas. Transfiere el exceso de glucosa de la sangre, que surgió después de la comida, en glucógeno.

Timidina quinasa (EC 2.7.1.21) – 64971831961

La enzima del grupo de quinasas. Se encuentra en las células más vivas. Cataliza la reacción de la fosforilación de la timidina.

Creatinquinasa (EC 2. 7. 3. 2) – 64974184971

Cataliza la reacción de fosforilación de creatina. La enzima, que proporciona a las células de los músculos energía para la contracción muscular.

Polimerasa del ADN (EC 2.7.7.7) – 54864121971

La enzima que participa en la replicación del ADN. Cataliza la polimerización de desoxirribonucleótidos a lo largo de la cadena de los nucleótidos de ADN.

Transcriptasa inversa (polimerasa de ADN dependiente del ARN) (EC 2.7.7.49) – 89464121971

Cataliza la síntesis de ADN en la matriz de ARN en el proceso, llamada transcripción inversa.

Tirosina-proteína quinasas BLK (EC 2.7.10.2) – 61421421871

También conocida como linfocito quinasa B, es una tirosina quinasa no receptora que en humanos está codificada por el gen BLK.

Bazo tirosina quinasa de la familia Src, juegan un papel en la transmisión de la señal intracelular y una diferenciación de los linfocitos B.

Proteína quinasa activada por 5´AMP (EC 2.7.11.31) – 61421751981

Proteína celular quinasa. Controla la homeostasis energética de una célula. Se activa con el consumo considerable de una energía celular, por ejemplo, en la actividad física, y un aumento del nivel intracelular AMP. Como resultado de la activación de la enzima, la célula pasa al estado de ahorro de energía.

Transferasas (EC 2.8) – 69874129891

Las enzimas, transfiriendo los grupos que contienen azufre.

Transferasas (EC 2.9) – 59864979871

Las enzimas que transfieren los grupos que contienen selenio.

Transferasas (EC 2.10) – 54864129878

Las enzimas que transfieren los grupos que contienen molibdeno o tungsteno.

3. HIDROLASAS – 89464129871

Son las que cortan las moléculas grandes en más pequeñas.

Hidrolasas (EC 3.1) – 51864129891
Vinculación hidrolizada – enlace éster.

Esterasas: nucleasas, fosfodiesterasa, lipasa, fosfatasa, y otros.

Lipasa pancreática (EC 3.1.1.3) – 58213218917
Enzima lipolítica del páncreas, corta los triglicéridos a monoglicéridos y ácidos grasos en el duodeno.

Fosfolipasa A2 (EC 3.1.1.4) – 64874129871
Enzima lipolítica del páncreas, corta fosfolípidos y lecitina en el duodeno.

Acetilcolinesterasa (EC 3.1.1.7) – 61854821871
Se encuentra en las sinapsis del sistema nervioso; cataliza la hidrólisis de un neurotransmisor de la acetilcolina a la colina y el residuo de ácido acético.

Lipoproteína lipasa (EC 3.1.1.34) – 56489178961
Corta los triglicéridos de quilomicrones y lipoproteínas de muy baja densidad, regula el nivel de lípidos en la sangre.

RPE65 (EC 3.1.1.64) – 51849838971
La enzima de las células de una retina ocular, participando en la regeneración del pigmento fotosensible.

Fosfatasa (EC 3.1.3.48) – 64854124871
La enzima, que cataliza la reacción de cortar los enlaces de éster del ácido fosfórico de proteínas, lípidos fosforilados, azúcares y nucleótidos.

Fosfatasa alcalina (EC 3.1.3.1) – 14812128917

Corta el fosfato de muchos tipos de moléculas, por ejemplo, de los nucleótidos, proteínas y alcaloides. La enzima muestra la mayor actividad en el ambiente alcalino. La fosfatasa alcalina se encuentra en todos los tejidos humanos.

Fosfatasa ácida (EC 3.1.3.2.) – 12482128413

Se encuentra en casi todos los órganos y tejidos humanos, especialmente en las células sanguíneas, próstata, hígado, riñones, huesos. Cataliza el corte de enlaces de éster con la formación de ortofosfato libre.

Fosfodiesterasas (subclase EC 3.1.4) – 68974129871

Se encuentran prácticamente en todos los tejidos del organismo humano. El grupo de las enzimas que hidroliza el enlace fosfodiéster – DNase, RNase, camp-fosfodiesterasa, cGMP - fosfodiesterasa, fosfolipasa C y fosfolipasa D.

La esteroide Sulfatasa (EC 3.1.6.2) – 84974121861

La Sulfatasa humana participa en el metabolismo de los esteroides.

Desoxirribonucleasa (EC 3.1.21.1) – 64874121861

Cataliza la escisión hidrolítica del ADN con la formación de oligonucleótidos.

Ribonucleasa (EC 3.1.27.1 y 3.1.27.5) – 64854121898

Cataliza la escisión de los ácidos ribonucleicos, muy extendido en las células de todos los organismos.

Hidrolasas (EC 3.2) – 54964129871

La vinculación hidrolizable del azúcar.
Glucosidasa: amilasa, hialuronidasa, lisozima, y otros.

Hialuronidasas (EC 3.2.1) – 64974121981

El grupo de las enzimas que cortan mucopolisacáridos ácidos. Resulta en la permeabilidad de los tejidos debido a la disminución en la viscosidad de los mucopolisacáridos, que se encuentran en la saliva. Las hialuronidasas se encuentran en la saliva. La hialuronidasa testicular, que se encuentra en los espermatozoides de los mamíferos, promueve el proceso de fertilización de óvulos.

Alfa amilasa (EC 3.2.1.1) – 14854211451

Una enzima en la saliva, corta el almidón en los segmentos más cortos y azúcares solubles. Una enzima del páncreas que corta el almidón y otros polisacáridos en el duodeno.

Inulinas (EC 3.2.1.7) – 58964120871

Cataliza la hidrólisis de la inulina a la fructosa. Se encuentra en las plantas, en las que la inulina se encuentra en la alcachofa, por ejemplo.

Isomaltosa (EC 3.2.1.10) – 54974121861

La enzima del intestino delgado corta la maltosa y la isomaltosa a la glucosa.

Lisozima (EC 3.2.1.17) – 69874129871

La enzima, que se encuentra en un organismo humano y de los animales, destruyendo las bacterias de las paredes de las células, creando una barrera antibacteriana no específica en los lugares de contacto con el entorno externo. Se encuentra en el líquido llano, saliva, una membrana mucosa de la nariz, leche materna, bazo, pulmones, riñones, leucocitos.

Neuraminidasa (exo-α-sialidasa) (EC 3.2.1.18) –64971851807

Es parte de las envolturas de algunos virus. Hay una suposición, que la actividad de la neuraminidasa ayuda a las partículas del virus a atravesar la secreción de las membranas mucosas para el alcance de los virus de las células del epitelio de las vías respiratorias.

Maltosa (-glucosidasa) (EC 3.2.1.20) – 61721421861

La enzima del intestino delgado cataliza la escisión de la maltosa a la glucosa. Para un ser humano, la maltosa es una parte de la saliva, el jugo intestinal, que se encuentra en la sangre y el hígado.

Invertasa (EC 3.2.1.26) – 61937421871

Es la enzima, que cataliza la hidrólisis de la sacarosa a la fructosa y la glucosa. Para uso industrial, las invertasas se obtienen generalmente por medio de levadura. La invertasa también es sintetizada por las abejas, que la utilizan para la preparación de miel a partir del néctar.

Invertasa (EC 3.2.1.26) – 61831421801

Corta moléculas de sacarosa en glucosa y fructosa. Ella sintetiza la mucosa un intestino delgado.

Lactasa (EC 3.2.1.108) – 71854121871

La enzima del intestino delgado, que corta la lactosa en glucosa y galactosa.

Hidrolasas (EC 3.3) – 54964121971

Un enlace hidrolizado es un simple enlace de éster.

Hidrolasa (EC 3.4) – 68947129891

Un enlace hidrolizado – un enlace peptídico.

Proteasas: tripsina, quimotripsina, elastasa, trombina, renina y otros.

Alanil aminopeptidasa (EC 3.4.11.2) – 89464121971

La enzima del intestino delgado, cataliza una etapa final de descomposición de los péptidos, formada en hidrólisis de proteínas de alimentos bajo la influencia de las proteasas gástricas y pancreáticas.

Carboxipeptidasa A (EC 3.4.17.1) – 51631831791

Carboxipeptidasa in (EC 3.4.17.2) – 56489121874

Quimotripsina (EC 3.4.21.1) – 51861831871

Tripsina (EC 3.4.21.4) – 68974129871

Trombina (EC 3.4.21.5) – 64974121981

Una enzima proteolítica, cataliza el proceso de transformación del fibrinógeno en fibrina – la proteína necesaria para la coagulación de la sangre y la detención sangrante.

Fibrinolisis Plasmina (EC 3.4.21.7.) – 56478129871

Escisión primaria de fibrina.

Enteropeptidasa (EC 3.4.21.9.) – 51864121074

La enzima de un duodeno y el intestino delgado convierte el tripsinógeno en tripsina.

Elastasa (EC 3.4.21.36) – 14854218791

Las enzimas proteolíticas del páncreas, cortan proteínas y péptidos en aminoácidos en un duodeno.

Proteína C (EC 3.4.21.69) – 68947121871

Un principal anticoagulante fisiológico.

Uroquinasa (EC 3.4.21.73) – 64871401589

Se produce en los riñones, participa en la disolución de los coágulos sanguíneos, intensifica la transformación del plasminógeno en plasmina.

Papaína (EC 3.4.22.2) – 89474121961

Una "pepsina vegetal" – una enzima vegetal que cataliza la hidrólisis de proteínas, péptidos, amidas y ésteres de los principales aminoácidos. Se encuentra en grandes cantidades en un árbol de melón y en la papaya.

Pepsina (EC 3.4.23.1) – 58421444981

Enzima del jugo gástrico. Corta proteínas.

Renina (EC 3.4.23.15) – 18215432181

La enzima se sintetiza en los riñones, cataliza la hidrólisis del angiotensinogenasa (glicoproteína plasmática de la sangre) con la formación de angiotensina I, a partir de la cual se forma la hormona angiotensina II, que causa estrechamiento de los vasos y promueve el aumento de la presión arterial.

Hidrolasa (EC 3.5) – 64874124891

El enlace hidrolizado – no péptido enlace carbono-nitrógeno.

L-asparagina (EC 3.5.1.1) – 64871901984
Cataliza la hidrólisis principalmente de L-asparagina.

Hidrolasa (EC 3.6) – 54864174891
El enlace hidrolizado – anhídrido ácido.

Adenosina trifosfatasa de potasio-sódico (EC 3.6.3.9) –61849121871
La enzima se encuentra en una membrana celular. Se encuentra en prácticamente todas las células de un individuo, y también en las células de otros organismos. El propósito básico es apoyar el potencial celular y regular un volumen celular.

Adenosina trifosfatasa de hidrógeno-potasio (EC 3.6.3.10)- 51864851781
Es una bomba de protones y juega un papel importante en la secreción del ácido clorhídrico en el estómago.

Helicasas (EC 3.6.4.) – 61871421981
Las enzimas que causan el desenrosque local de las cadenas de ADN con la formación de una horquilla replicativa en el curso de la replicación, transcripción o reparación del ADN.
Hidrolasas (EC 3.7) – 68937121981
La unión hidrolizado – enlace carbono-carbono (C-C)

Hidrolasa (EC 3.8) – 69471829481
El enlace hidrolizado – vínculo halógeno

Hidrolasas (EC 3.9) – 59869179848
El enlace hidrolizado – unión nitrógeno-fósforo (P-N)

Hidrolasas (EC 3.10) – 61871421974
El enlace hidrolizado – enlace de nitrógeno-azufre (S-N)

Hidrolasas (EC 3.11) – 69871851964
El enlace hidrolizado – enlace carbono-fósforo (C-P)

Hidrolasas (EC 3.12) – 58964129871
El enlace hidrolizado – enlace de disulfuro (S-S)

Hidrolasas (EC 3.13) – 69874129871
La unión hidrolizado – enlace de azufre y carbono (C-S)

<u>4. LIASAS – 84940129851</u>

Separar los grupos de los sustratos debido al mecanismo no hidrolítica con la formación de dobles vínculos.

Liasas (EC 4.1) – 54861901981

Enzimas, que cortan los enlaces carbono-carbono, por ejemplo, de una descarboxilasa (carboxi-liasas).

Glutamato decarboxilasa (EC 4.1.1.15) – 61853121978

Cataliza la transformación del glutamato a GABA (ácido gamma-aminobutírico) por medio de la descarboxilación. El ácido gamma-aminobutírico (GABA) es uno de los neurotransmisores más importantes del cerebro, participa en los procesos neuro mediadores y metabólicos en el cerebro.

Ribulosa bisfosfato carboxilasa (EC 4.1.1.39) –61831971851

Una de las principales enzimas de la naturaleza. Gracias a esta enzima, se activa el mecanismo de transformación del carbono inorgánico en carbono orgánico mediante fotosíntesis y quimiosíntesis. Es una enzima principal de las hojas de las plantas. En este caso es posible, concentrándose en la serie numérica correspondiente a esta enzima, contemplar donde la naturaleza inorgánica de la realidad adquiere las propiedades de la naturaleza orgánica debido a la distribución de los niveles de información en fotosíntesis y quimiosíntesis. Es decir, al considerar estos dos volúmenes de información, también es posible transferir la estructura de desarrollo de un sistema orgánico, al hecho que desde cualquier entorno externo, desde cualquier sistema inorgánico hay una información correspondiente a la vida eterna de su organismo. Así, a nivel de información correspondiente a las enzimas, es posible entender y dominar el mecanismo de creación del propio organismo a expensas del entorno externo, sólo es suficiente sentir el entorno externo a través de cualquier nivel de sensaciones.

Liasa (EC 4.2) – 61951421871

Las enzimas que cortan los enlaces carbono-oxígeno, por ejemplo, de la deshidratasa.

Anhidrasa carbónica (EC 4.2.1.1.) – 61871421948

Una enzima que contiene zinc, que cataliza una reacción reversible de escisión del ácido carbón al dióxido de carbono y al agua; participa en el transporte de dióxido de carbono en un organismo y en la formación de ácido clorhídrico en las células parietales de una membrana mucosa de un estómago.

Liasas (EC 4.3) – 69854129871

Las enzimas que cortan los enlaces carbono-nitrógeno (amidina-liasa).

Liasas (EC 4.4) – 69354121871

Las enzimas que cortan los enlaces carbono-azufre.

Liasas (EC 4.5) – 69754129781

Las enzimas que cortan el carbono — enlaces halógenos, por ejemplo, una DDT- dehidroclorinasa.

Liasas (EC 4.6) – 48974121851

Las enzimas que cortan los enlaces fósforo-oxígeno, por ejemplo, de adenilato ciclasa.

Liasas (EC 4.7) – 59864859741

Las enzimas que cortan los enlaces de carbono-fósforo.

Liasas (EC 4.99) – 54864129871

Incluye los otros liasas.

5. ISOMERASAS – 89564831971

Cambia una configuración espacial de moléculas.

Isomerasas (EC 5.1) – 69834129871

Las enzimas que catalizan una racemización (racemasa) y una epimerización (epimerasa).

Isomerasas (EC 5.2) – 69854101989

Las enzimas que catalizan la isomerización geométrica (cis trans isomerase).

Isomerasas (EC 5.3) – 38975129861

Incluye oxidoreductasas intramoleculares.

Isomerasas (EC 5.4) – 64954124971

Incluye transferasas (mutasa).

Fosfoglucomutasa (EC 5.4.2) – 64874921871

Desempeña un papel importante en el intercambio de carbohidratos. Es el catalizador durante la formación de glucosa a partir de un glucógeno.

Isomerasas (EC 5.5) – 38964971981

Incluye la liasa intramolecular.

Isomerasas (EC 5.99) – 64954121981

Incluye las otras isomerasas, topoisomerasas, respectivamente.

6. LIGASAS (sintetasas) – 51864121971

Participar en la síntesis de nuevas moléculas, necesarias para la actividad de un organismo.

Ligasas (EC 6.1) – 54847121978
Forma los enlaces entre el oxígeno y el carbono.

Ligasas (EC 6.2) – 39864851971
Forma los enlaces entre azufre y carbono.

Ligasas (EC 6.3) – 84974121981
Forma los enlaces entre nitrógeno y carbono.

Ligasas (EC 6.4) – 84754124961
Forma los enlaces entre el carbono y el carbono.

Ligasas (EC 6.5) – 39864979891
Forman los enlaces de fosfodiéster.

DNA-ligasa (EC 6.5.1.1) – 31964121981
Las enzimas que catalizan la reticulación covalente de las cadenas de ADN en dúplex durante la replicación, reparación y recombinación.

Ligasas (EC 6.6) – 68936121978
Formar los enlaces entre nitrógeno y metales.

PROTEÍNAS QUE REALIZAN DIVERSAS FUNCIONES EN EL ORGANISMO

<u>Proteínas de transporte</u> – 39654821971

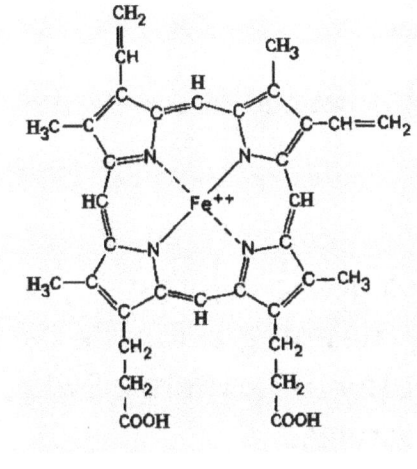

Las proteínas del plasma sanguíneo participan en la transferencia de nutrientes, oxígeno, dióxido de carbono y otras moléculas e iones necesarios en un organismo.

Hemoglobina – 42185438912

Es necesario concentrarse en toda la fórmula de la hemoglobina en la fórmula estructural.

Proteína que contiene un átomo de hierro. La hemoglobina, como parte de los eritrocitos, une oxígeno O_2 a sí mismo, y lo transporta a través de todas las células de un organismo en los pulmones. Además, la hemoglobina participa en la transferencia de dióxido de carbono CO_2 a los pulmones de los tejidos.

Lipoproteínas del plasma sanguíneo – 48964129871

Lleva a cabo el transporte de colesterol, triglicéridos.

Albúminas de suero sanguíneo – 81518432191

Las proteínas del suero sanguíneo que transfieren ácidos grasos, bilirrubina, ácidos biliares, hormonas esteroides, iones inorgánicos.

Transtiretina – 68934121871

Transporta las hormonas de una glándula tiroides.

Globulinas de sangre - 81518432189

Transfiera hormonas, lípidos y vitaminas.

Ceruloplasmina – 58964129871
Realiza el transporte de iones de cobre en un organismo.

Transcobalamina – 58949129861
Realiza el transporte de vitamina B$_{12}$.

Mioglobina – 39649859871
Realiza la transferencia de oxígeno en los músculos esqueléticos y del corazón.

Transferrina – 54936124981

La proteína, que proporciona la transferencia de hierro desde el intestino, el transporte de hierro entre las zonas de síntesis y desintegración de la hemoglobina, la transferencia de hierro a las otras proteínas ferriferas. Evita la acumulación de hierro trivalente en los tejidos corporales.

Transcortina – 54754189871
Realiza el transporte de cortisol.

Proteína de unión al retinol – 19421851964
Realiza el transporte de vitamina A.

Proteínas portadoras – 64854964719
Transfiera las sustancias necesarias a través de una membrana celular.

PROTEÍNAS DE RESERVA – 31849121961

Ferritina – 51951431981
La proteína que deposita una reserva necesaria del hierro para la formación normal de eritrocitos.

Una molécula de ferritina es capaz de conectarse a 4500 átomos de hierro.
La ferritina protege a un organismo del efecto tóxico del hierro, manteniéndolo en estado de límite, ya que el hierro libre es un elemento tóxico para un organismo vivo. La ferritina se encuentra generalmente en las

células del hígado, el bazo, la médula roja y los reticulocitos.

Mioglobina – 54689121971

Se concentra en los músculos. El papel principal es el almacenamiento de oxígeno, que le da hemoglobina. Se satura rápidamente con oxígeno, y luego se transfiere gradualmente a varios tejidos.

PROTEÍNAS CONTRÁCTILES Y MOTORAS – 31964854971

Actina – 84954124971

Miosina – 89854129861

Proteínas de las fibras musculares. La actina y la miosina forman los elementos contráctiles básicos de los músculos: complejos de actomiosina de sarcómeros.

Tubulina – 39864859871

La proteína principal de los microtúbulos que poseen las funciones contráctiles. Se puede afirmar, que la tubulina, junto con la actina y la miosina, se incluye en una clase de las proteínas responsables del movimiento de una célula.

PROTEÍNAS ESTRUCTURALES – 68974129891

Colágeno -58964959431

Una proteína fibrilar. Forma la base del tejido conectivo de un organismo, proporcionando su fuerza y elasticidad.

El colágeno se encuentra en tendones, huesos, cartílagos, piel y otros tejidos del cuerpo.

Elastina – 38649121871

La proteína tiene elasticidad y permite restaurar los tejidos, cuando se daña la continuidad del tejido. La elastina da elasticidad a los tejidos conectivos.

Queratina – 36854129871

Una proteína fibrilar muy fuerte.

El cabello, las uñas, el cuerno de los rinocerontes, las plumas y los picos de las aves, las pezuñas y las garras de los mamíferos contiene queratina.

Histonas – 38149854961

Son proteínas intranucleares, que estabilizan una estructura espacial del ADN.

PROTEÍNAS PROTECTORAS – 68131954971

Inmunoglobulinas (Ig) – 58213215214

Inmunoglobulina G (IgG) - 53964121971

Pasa mejor que las otras inmunoglobulinas en el espacio vascular extra, pasa a través de la placenta, proporciona inmunidad pasiva a los recién nacidos en las primeras semanas de vida. El mecanismo de acción es la neutralización de las toxinas bacterianas, el fortalecimiento de la fagocitosis.

Inmunoglobulina A (IgA) - 31849129871

La clase principal de los anticuerpos en el líquido llano, saliva, flema, en los secretos gastrointestinales y urogenitales.

Inmunoglobulina M (IgG)– 38968121989

Una clase principal de los anticuerpos en una etapa temprana de la respuesta inmune primaria.

Inmunoglobulina D (IgD)– 38658121874

Los receptores de los antígenos, situados en la superficie de los linfocitos B no activados.

Inmunoglobulina E (IgE)- 49874129891

Los anticuerpos conectados con una superficie de las células corpulentas.

Fibrinógeno – 5843214981

Se convierte en la fibrina insoluble – una base de coágulo en la coagulación de la sangre. Posteriormente, la fibrina forma un coágulo de sangre, completando un proceso de coagulación de la sangre.
Fibrinógeno se sintetiza en el hígado.

Interferón – 31649121981

Una proteína, que se sintetiza en un organismo, y que se emite en respuesta a una entrada de virus en el organismo. Uno de los mecanismos de acción es que crea los obstáculos para la reproducción de virus.

Haptoglobina – 36848121871

La proteína del plasma sanguíneo que une la hemoglobina, que se libera de los eritrocitos, por lo tanto, protege al organismo del efecto tóxico de la hemoglobina, ya que la hemoglobina es segura para los tejidos del cuerpo sólo como parte de los eritrocitos.

PROTEÍNAS REGULADORAS – 68948129871

Tropomiosina – 69436129871

Troponina – 49564859871

Las proteínas proporcionan la activación de la contracción muscular y la relajación bajo la influencia de los iones de calcio.

Los siguientes grupos de sustancias, desempeñan un papel importante en el trabajo de un organismo, tienen ambos; la naturaleza proteica como la no proteica:

HORMONAS Y VITAMINAS

HORMONAS – 38649129871

Las sustancias, que se dedican a la coordinación y alineación del trabajo de todos los sistemas de un organismo. Durante la concentración en las secuencias numéricas, correspondientes a las hormonas, es posible ver, que la coordinación es necesaria para la vida eterna, que se dirige hacia la vida eterna en todos los casos. Es por eso que, la concentración permite informar a las hormonas a la vez sobre tal coordinación de todos los sistemas de un organismo, con el fin de que los sistemas funcionen eternamente.

Las hormonas son liberadas por las glándulas endocrinas en las cantidades microscópicas.

Hay varias clasificaciones de hormonas.

HORMONAS DEL HIPOTÁLAMO - 84849121961

Tiroliberina – 51849131964

Es necesario concentrarse en toda la fórmula estructural de la tiroliberina, y luego en el símbolo **"O"** y en el símbolo" **C"**. En esta fórmula estructural, es necesario concentrarse en el reflejo de esta fórmula estructural.

La tiroliberina estimula la síntesis y secreción de la hormona tirotrópina en el lóbulo frontal de la hipófisis.

Corticoliberina – 54854121868

Ser-Glu-Glu-Pro-Pro-Ile-Ser-Leu-Asp-Leu-
Thr-Phe-His-Leu-Leu-ArgGlu-Val-Leu-Glu-
Met-Ala-Arg-Ala-Glu-Gln-Leu-Ala-Gln-Gln-Ala-
His-SerAsn-Arg-Lys-Leu-Met-Glu-Ile-Ile-NH$_2$

Es necesario concentrarse en la reflexión de los símbolos.

La corticoliberina provoca el fortalecimiento de la secreción por el lóbulo anterior de la hiófisis de la hormona adrenocorticotrópica, endorfina, lipo-hormonatrofeo, hormona cromatoforotrópica.

Gonadoliberina - 58149121878

	1	2	3	4	5	6	7	8	9	10

Pyr Glu–His–Trp–Ser–Tyr–Gly–Leu–Arg–Pro–Gly–NH$_2$

Provoca el fortalecimiento de la secreción por el lóbulo anterior de la hipófisis de las hormonas gonadotropinas, una hormona luteinizante y una hormona estimulante del folículo.

Somatoliberina – 51801421961

Tyr-Ala-Asp-Ala-Ile-Phe-Thr-AsnSer-
Tyr-Arg-Lys-Val-Leu-Gly-Gln-Leu-Ser-
Ala-Arg-Lys-Leu-Leu-Gln-AspIle-Met-
Ser-Arg-Gln-Gln-Gly-Glu-Ser-Asn-Gln-
Glu-Arg-Gly-Ala-Arg-AlaArg-Leu-NH$_2$

Estimula la síntesis y secreción de una somatotropina y prolactina en el lóbulo anterior de la hipófisis. Es necesario concentrarse también en el reflejo de los símbolos de fórmula.

Somatostatina – 51349871381

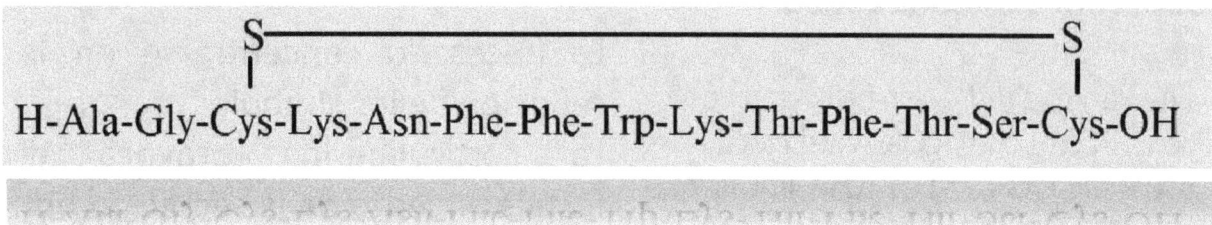

Hormona sintetizada en el hipotálamo, en el estómago, en el intestino, páncreas, en el campo de las terminaciones nerviosas periféricas, en la placenta, glándulas suprarrenales, en una retina ocular. Suprime la secreción de somatotropina en la hipófisis, glucagón, insulina, gastrina, secretina, paratiroidea, inmunoglobulinas, renina, enzimas de páncreas, reduce la secreción de bilis.

Es necesario concentrarse en el primer símbolo "**H**" en la parte izquierda de la fórmula y en la reflexión de la fórmula.

Vasopresina – 51849131961

$$S \text{------} S$$
$$| \qquad \qquad |$$
$$H\text{-Cys-Tyr-Phe-Gln-Asn-Cys-Pro-Arg-Gly-CO-NH}_2$$

Una hormona, que se produce en el hipotálamo en forma de prohormona, pero se recoge en el lóbulo posterior de la hipófisis, y se secreta de allí en la sangre. La vasopresina aumenta la absorción de retorno de agua con las paredes de los túbulos colectivos de los riñones, aumentando así la concentración de orina y reduciendo su volumen. Tiene el efecto antidiurético, aumenta un tono de vasos, aumenta la presión arterial.

Es necesario concentrarse en los tres símbolos finales de la fórmula – "**N**", "**H**", el índice "$_2$" y en el reflejo de la fórmula.

Oxitocina — 31948121961

$$S \text{————————} S$$

H-Cys-Tyr- Ile -Gln-Asn-Cys-Pro-Leu-Gly-CO-NH$_2$

Una hormona, que se produce en el hipotálamo en forma de prohormona, pero luego se transporta en el lóbulo posterior de la hipófisis, donde se recoge y libera en la sangre. Estimula la reducción de los músculos lisos de un útero, estimula las lactaciones. Es necesario para una corriente normal del acto patrimonial, exilio de un feto.

Es necesario concentrarse en el primer símbolo "**H**" y en la reflexión de la fórmula.

HORMONAS DE LA EPÍFISIS – 51349148741

Melatonina – 31849147861

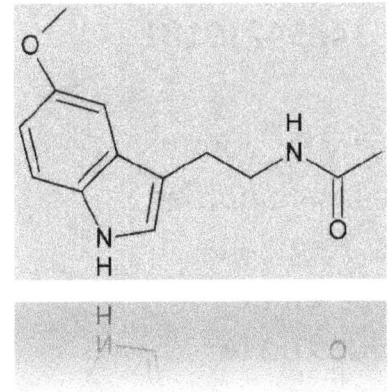

Proporciona la regulación de los biorritmos de las funciones endocrinas y el metabolismo para una adaptación del organismo a diferentes condiciones de iluminación. Regula el intercambio pigmentario, ralentiza el desarrollo de las funciones sexuales y el efecto de las hormonas gonadotropinas en adultos.

Es necesario concentrarse en la reflexión de la fórmula.

Glomerulotonina – 51421721841

Estimula la secreción de la hormona aldosterona por la corteza suprarrenal.

HORMONAS DE HIPÓFISIS - 84971261749

Hormonas del lóbulo pituitario anterior (adenohipófisis)– 53874121864

Somatotropina (hormona de crecimiento) – 51482147981

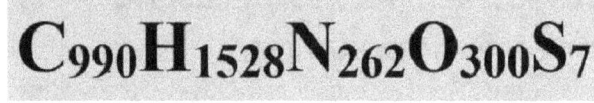
$$C_{990}H_{1528}N_{262}O_{300}S_7$$

Estimula la síntesis de proteínas. Influye en el intercambio de carbohidratos y grasas. Acelera el crecimiento del cuerpo, huesos, músculos.

Tirotropina – 48545159841

Regula la función de una glándula tiroides. Aumenta la síntesis y secreción de hormonas tiroideas.

Corticotropina (hormona adrenocorticotropa, ACTH) – 14854219181

Ser·Tyr·Ser·Met·Glu·His·Phe·Arg·Trp·Gly·
Lys·Pro·Val·Gly·Lys·Lys·Arg·Arg·Pro·Val·
Lys·Val·Tyr·Pro·Asp·Ala·Gly·Glu·Asp·Gln·
Ser·Ala·Glu·Ala·Phe·Pro·Leu·Glu·Phe

Estimula el haz y las zonas reticulares de las glándulas suprarrenales. Regula la síntesis y secreción de corticoesteroides en la corteza suprarrenal.

.

Hormona estimulante del folículo – 54851549184

Estimula el crecimiento de los folículos en el ovario de la mujer, y la espermatogénesis para los hombres.

Hormona luteinizante – 51485219949

Estimula el desarrollo de un cuerpo amarillo después de una ovulación y la síntesis de progesterona para las mujeres. Para los hombres, estimula el desarrollo del tejido intersticial de los testículos y la secreción de andrógenos.

Prolactina – 14582158948

Estimula el crecimiento y desarrollo de las glándulas mamarias, es necesario para la implementación de la lactancia.

Hormonas de un lóbulo posterior de la hipófisis (neurohipófisis) - 61421721871

Hormonas de una glándula tiroides – 53149874121

Tiroxina – 14845459818

La tiroxina es una hormona que la glándula tiroides secreta en el torrente sanguíneo. Una vez en el torrente sanguíneo, la tiroxina viaja a los órganos, como el hígado y los riñones, donde se convierte a su forma activa de triyodotironina.

Triiodotirina – 54815455181

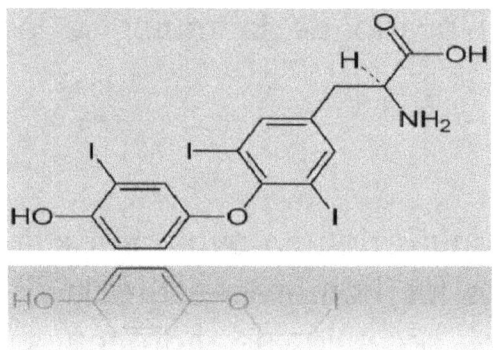

La Tiroxina y Triyodotironina aceleran el metabolismo en todo el organismo. Influye en el crecimiento y desarrollo de un cuerpo humano, participa en las reacciones adaptativas.

Tirocalcitonina – 51871421481

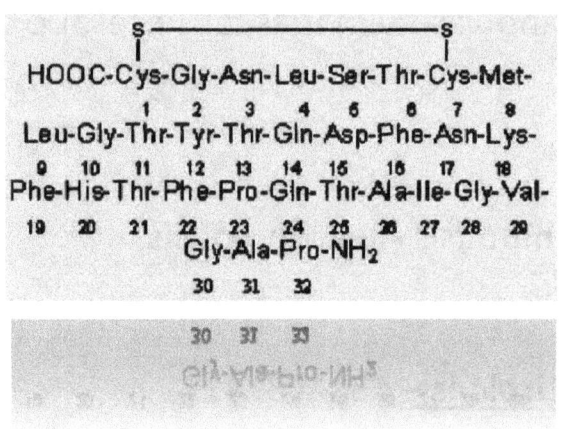

Participa en el metabolismo del calcio y el fósforo, disminuye el contenido de calcio y fosfato en el plasma sanguíneo.

En este caso es necesario concentrarse también en toda la fórmula y ver durante la concentración, cómo se forma un elemento de control creativo en el *locus geométrico correspondiente a la fórmula.

*«Palabra en latín que significa lugar o ubicación».

Hormonas de las glándulas paratiroides - 51421721861

Parathormona – 31871421961

Aumenta la concentración de calcio en el plasma sanguíneo y reduce el calcio en el nivel de los huesos, reduce la concentración de fosfatos en el plasma sanguíneo.

Calcitonina – 31971781949

Participa en el metabolismo del calcio y el fósforo, disminuye el contenido de calcio y fosfato en el plasma sanguíneo.

Hormonas del páncreas (islotes de Langerhans)-31421721861

Insulina – 58454219188

Se forma en las células beta de los islotes de Langerhans de un páncreas.

La insulina influye en el metabolismo prácticamente en todos los tejidos. El efecto principal de la insulina consiste en la disminución de la concentración de glucosa en la sangre. La insulina aumenta la permeabilidad de las membranas plasmáticas para la glucosa, activa las enzimas clave de la glucólisis, estimula la formación de glucógeno en el hígado y los músculos de la glucosa, fortalece la síntesis de grasas y proteínas.

Además, la insulina suprime la actividad de las enzimas, que cortan el glucógeno y las grasas.

Glucagón – 54821574918

NH$_2$ -His-Ser-Gln-Gly-Thr-Phe- Thr-Ser-Asp-Tyr-Ser-Lys-Tyr-Leu-Asp-Ser- Arg-Arg-Ala-Gln-Asp-Phe-Val-Gln-Trp-Leu- Met-Asn-Thr-COOH

Estimula la síntesis y glucogenólisis en el hígado a la glucosa.

<u>Hormonas de las glándulas suprarrenales</u> - 31484121671

Hormonas de la corteza suprarrenal 84936121748

Cortisol (hidrocortisona) – 58514227989

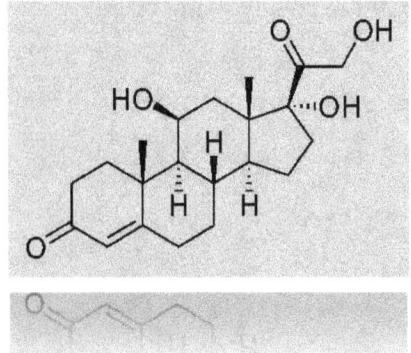

Se secreta bajo la influencia de la hormona adrenocorticotropa (ACTH).

Regula el intercambio de carbohidratos de un organismo y participa en el desarrollo de reacciones estresantes.

Cortisona ($C_{21}H_{28}O_5$) – 31484121861

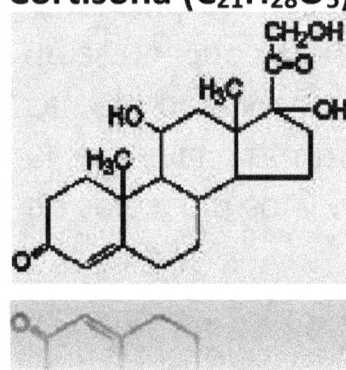

Un glucocorticoide que estimula la gluconeogénesis.

Es necesario concentrarse en toda la fórmula química.

Aldosterona – 91499114889

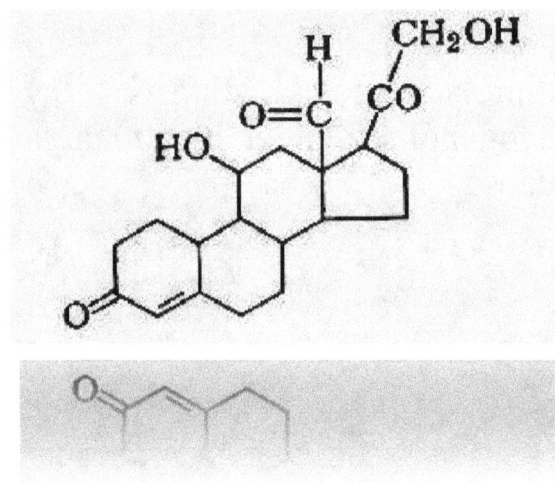

El metabolismo de los electrolitos y el agua, el mantenimiento del nivel normal Na^+ y K^+.

Es necesario concentrarse en toda la fórmula.

Hormonas de la médula de la glándula suprarrenal – 49874121861

Adrenalina ($C_9H_{13}NO_3$) – 53142184161

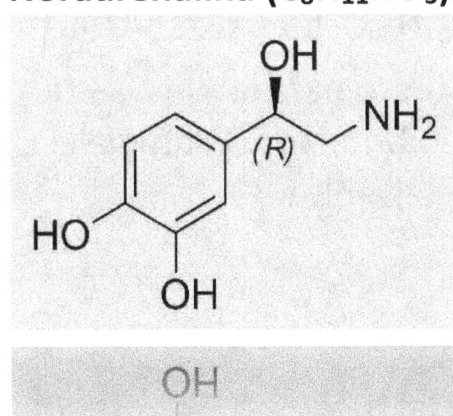

Es una hormona de la médula de la glándula suprarrenal. Estimula la glucogenólisis, que es el antagonista de la insulina, estimula la lipolización del tejido adiposo, aumenta la frecuencia y la fuerza de las contracciones cardíacas, un tono de arteriolas, presión arterial, estimula la reducción de muchos músculos lisos, la relajación de los músculos bronquiales, la opresión de la función motora del tracto digestivo y el aumento en el tono de sus esfínteres, el aumento en el tono de los vasos y como resultado, el aumento de la presión arterial, fortalecimiento de la operatividad de los músculos esqueléticos.

Es necesario concentrarse en los dos primeros símbolos de la fórmula química, es decir, en **"C",** el índice **"9",** y es necesario concentrarse en toda la fórmula estructural, y también en el reflejo de la fórmula estructural.

Noradrenalina ($C_8H_{11}NO_3$) – 49874121861

Eleva un tono de las arteriolas y la presión arterial.

Participa en la transferencia de excitación desde los terminales nerviosos en el efector en las neuronas del sistema nervioso central.

Es necesario concentrarse en los símbolos tercero, cuarto y quinto de la fórmula química, es decir, en **"H"**, índice **"1"**, índice **"1"**. Es necesario concentrarse en los dos símbolos superiores de la fórmula estructural, es decir, en **"O"** y **"H"**.

Hormonas reproductivas – 314217218618

Hormonas de los ovarios 64831484971

Estrona ($C_{18}H_{22}O_2$) – 49874121861

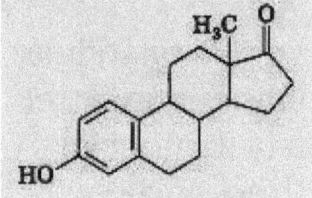

Es necesario concentrarse en los tres primeros símbolos de la fórmula química, es decir, en "**C**", el índice "**1**" y el índice "**8**", y en los dos símbolos inferiores de la fórmula estructural, que está en "**H**", "**O**".

Estradiol ($C_{18}H_{24}O_2$) – 52143219891

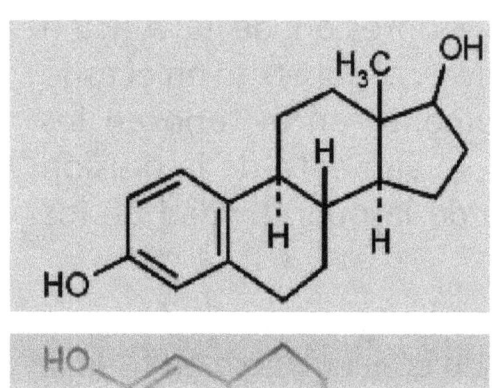

Estrona y estradiol son estrógenos. Estimulan el crecimiento normal, el desarrollo de los genitales femeninos. Un curso normal del ciclo sexual femenino. Estimula el desarrollo de los conductos de una glándula mamaria, estimula el desarrollo de las características sexuales secundarias.

Es necesario concentrarse en toda la fórmula estructural.

Progesterona (se forma en un cuerpo amarillo) ($C_{21}H_{30}O_2$) – 51421541981

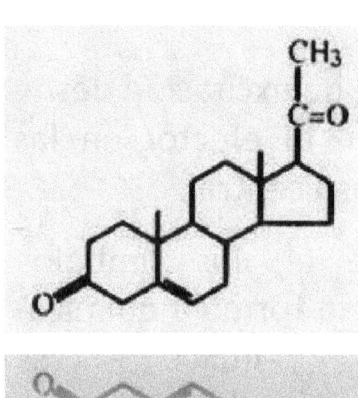

Prepara el endometrio del útero para la implantación de un óvulo embrionario. Estimula el desarrollo de un sistema de alvéolos

Hormonas testiculares – 31849121861

Testosterona – 51454214389

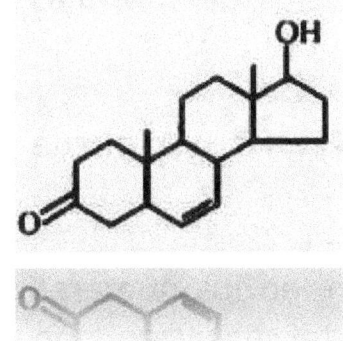

Formación de andrógenos. Estimula el crecimiento normal, el desarrollo y la función de los órganos reproductores masculinos, estimula el desarrollo de las características sexuales secundarias.

Es necesario concentrarse en toda la fórmula estructural.

Las emociones se pueden definir esquemáticamente como una reacción a las combinaciones de ciertas hormonas. Entonces las emociones pueden ser percibidas en forma de información de ciertas fórmulas químicas. Permite dividir la información de una verdadera emoción de la información, que corresponde al modelo de emociones, que surgió de la percepción de la fórmula química correspondiente. Tal enfoque puede ayudar a separar la información de la realidad de los obstáculos en el control de los acontecimientos y a acelerar el logro del resultado de control de una glándula mamaria.

Al formar los acontecimientos futuros poniendo un buen futuro, a menudo es aconsejable tener las estructuras formales, que describen estos sistemas. Para ello, es posible utilizar las fórmulas químicas, la norma de la que proporciona la norma de los fenómenos descritos por las fórmulas.

Al construir el futuro, es importante saber, que el control conduce a sentimientos positivos y a la armonía de los demás. Para percibir que los eventos, que se construyen, causan buenos sentimientos en otras personas, es posible utilizar los puntos de referencia asignados a los elementos químicos. Te permitirá ayudar a los demás con mayor precisión en la vida eterna. Puesto que hay un número infinito de opciones en la vida eterna, entonces es importante, que por medio de esta técnica del uso de la información de los elementos químicos, es posible hacer a la vez el control más armonioso para el hombre en la dirección de la vida eterna.

En los casos específicos, se pueden considerar los modelos de fórmulas químicas de diferentes emociones y sentimientos.

El modelo de la fórmula química de potencia - **C10H16N5O13P3** - se puede utilizar de la siguiente manera:

- Concentrarse en la fórmula química **C10H16N5O13P3** y en los números **98148,** ganando una sensación de potencia creciente. Con tal sensación, uno realmente puede fortalecer la acción espiritual controladora.

El modelo de la fórmula química contra el dolor **- $C_{20}H_{32}O_5$** - se puede utilizar para el alivio del dolor de la siguiente manera:
- Concentrarse en la serie numérica **898041** luego la fórmula química del dolor **$C_{20}H_{32}O_5$** y después de la fórmula en la secuencia numérica **48904**

El modelo de la fórmula química contra el miedo -**$C_9H_{13}NO_3$** - se puede utilizar para superar el miedo y desarrollar las acciones correctas, que neutralizan la causa del miedo, cuando se concentran en primer lugar en los números **316918** y luego en la fórmula química. Si el miedo no aparece en diferentes situaciones, entonces puedes usar esta fórmula al estudiar el evento, donde otros pueden tener miedo, y necesitan tu ayuda para normalizar la situación a un nivel armonioso que no contenga miedo.

El modelo de la fórmula química del amor - **$C_{43}H_{66}N_{12}O_{12}S_2$** - permite ver, que el amor en sí no se describe con una fórmula, sino que es percibido por el alma y la consciencia. Eso es suficiente para darse cuenta de que el amor es la base del mundo.

El modelo de la fórmula química de la felicidad - **$C_8H_{11}NO_2$** - al controlar los eventos, le permite crear eventos felices alrededor de la información de esta fórmula química. Así, se puede ver, que en la ciencia del control de la realidad, la normalización de la composición de los elementos químicos por la concentración en la serie numérica a través de su consciencia, se puede aplicar una dirección especial, que utiliza varios registros formalizados, reflejando la realidad para un control más preciso de la realidad.

Cuando estudié el curso de la Lógica Axiomática durante el primer año de la Universidad de Tashkent. Al estudiar este curso, se informó que los teoremas de incompletitud de Gödel determinaron que, si el sistema de axiomas, en el que se basa la teoría, no es contradictorio, entonces la teoría es incompleta, es decir, no todo se puede formalizar. Las conclusiones de este teorema llevaron a la consciencia de la limitación de los conocimientos teóricos sobre las formas de su formalización. En mi opinión, para resolver este problema, es necesario utilizar el elemento de la realidad misma - nuestra consciencia. Luego desarrollé los sistemas de ecuaciones y fórmulas separadas, describiendo la posibilidad de controlar la realidad. En estos sistemas de ecuaciones, esos fenómenos de la realidad, que no se pueden describir, fueron escritos en forma de términos dinámicos de un sistema de ecuaciones, compuestos en forma de las funciones de una reacción a las fórmulas de la consciencia de una persona orientadas a la eternidad.

Por lo tanto, he demostrado que siempre es posible alcanzar el control necesario, cuando se trata de la meta que conduce a la eternidad de esa persona, que formuló la meta. Por lo tanto, el que aspira a la vida eterna, siempre puede alcanzar lo que quiere y, al mismo tiempo, sus deseos deben contribuir a la vida eterna de todos. Aplicando la consciencia como la herramienta de investigación de la realidad en la investigación científica en el campo de las habilidades de clarividencia, establecí, que las respuestas exactas a cualquier tarea se pueden obtener a través de la consciencia, y la declaración de la solución de una tarea ya sobre la base de estas respuestas se puede hacer más óptima. Y, respectivamente, en general, cualquier proceso, por lo tanto, puede ser descrito formalmente.

Por lo tanto, sobre los resultados prácticos de obtener las respuestas exactas a las tareas antes de su decisión, he demostrado que todos los fenómenos de la realidad pueden ser percibidos correctamente. Y significa que, habiendo añadido la consciencia humana como objeto de investigación, es posible afirmar, que todos los fenómenos de la realidad en el momento de la acción de la consciencia dirigidos hacia la eternidad, después de todo, se pueden formalizar, ya que es posible recibir respuestas en la propia consciencia sobre el estado de la realidad con alrededor del cien por ciento de los porcentajes de precisión. Va más allá de los teoremas de incompletitud de Gödel, tal vez, no tenía ninguna posibilidad de una investigación más completa, ya que no tenía datos registrados para obtener las respuestas a las tareas sin la solución de tareas. Sin embargo, podría adivinar intuitivamente, que al considerar los procesos relacionados con la eternidad, los teoremas fijos pueden cambiar, como los cambios de consciencia en la percepción de los teoremas. Esto se demuestra por lo siguiente: Gödel considerado, que el tiempo "es una esencia misteriosa y al mismo tiempo auto-contradictoria, que forma una base del mundo y nuestra propia existencia, después de todo, se convertirá en la mayor ilusión. "una vez" dejará de existir, y la otra forma de vida vendrá allí, que es posible llamar eternidad". Por cierto, sobre la base de las conclusiones sobre la otra forma de vida, que se puede llamar "eternidad", habló de la existencia de la vida eterna.

Los modelos dados de las fórmulas químicas, concernientes a las emociones y sentimientos, también pueden ser considerados como una de las formas de la formalización de la realidad, que se puede utilizar junto con el trabajo de consciencia.

Es posible considerar mediante un análisis más prolongado, que en los procesos en los que no hay tiempo, todo se puede describir con precisión, es decir, formalizado. Es todo lo mismo, ya sea mirar una cosa, que es como si fuera de tiempo o en el tiempo actual, y para describirlo. También demuestra mis conclusiones, que vale la pena considerar la propia consciencia como un objeto de investigación, y el tiempo es percibido precisamente por la consciencia, entonces todos los fenómenos de la realidad pueden ser descritos. De estas conclusiones se puede obtener un método de vida eterna basado en la percepción, que alguna parte del tiempo actual puede referirse a la ausencia de tiempo. Se demuestra lógicamente por el hecho, que el tiempo en el concepto general se mueve en la dirección del futuro debido a la ocurrencia constante de múltiples eventos. Si al considerar el tiempo como un valor discreto, que se desarrolla como por pulsos / sacudidas, entonces existe una parte relacionada con la falta de tiempo entre los pulsos. Después de haber puesto mentalmente un elemento de la propia consciencia en el área de la ausencia de tiempo, es posible vivir eternamente.

También es posible utilizar el mecanismo conectado con el tiempo pasado. Según mi teoría, si al considerar todos los eventos del mundo en forma de conjunto, entonces este conjunto debe apoyarse en algo, que va más allá de este conjunto, para existir en el tiempo. Se puede imaginar que todos los acontecimientos del presente y del futuro, que hacen un conjunto de todos los eventos del mundo en desarrollo, se apoye en un conjunto de los acontecimientos pasados, en muchos aspectos, es realmente lógico. De esto se deduce que los saltos de tiempo son también en el pasado, existe un área de una corriente de tiempo en la dirección opuesta, donde el tiempo está ausente entre los puntos de apoyo del pulso, sólo ocurre en menor medida en el contexto de un futuro en rápido desarrollo. Por lo tanto, hay menos encuentros con los resucitados, hasta que se transfieren a la realidad de todos los acontecimientos del mundo relacionados con el tiempo actual y futuro. Tal transferencia con el uso del conocimiento de los pulsos del tiempo se puede realizar mediante los métodos de la psicología del desarrollo eterno, cuando, de hecho, el que no muere, pero que está presente en el pasado, y el que se ha ido para el tiempo actual, se explica mentalmente o durante las reuniones en los sitios de los pulsos del tiempo en el pasado, es posible entrar en el futuro a través de la tecnología de la vida eterna, es decir, dejar la transición en el pasado.

Este concepto de realidad se expresa en el hecho de que pasar por la vida es un fenómeno temporal, y por lo tanto, no corresponde al mayor desarrollo del mundo, ya que existe una ley de pleno desarrollo del mundo. Todos los acontecimientos del mundo bajo esta ley serán en un solo set, cuando una masa acumulativa de todos los acontecimientos sería suficiente para este propósito, es decir, el conjunto de acontecimientos correspondientes al pasado pasará al conjunto general de todos los acontecimientos, y significa la validez científica del hecho, que todos resucitarán, y los vivos vivirán eternamente. Las personas interesadas pueden controlar la masa, incluyendo el peso corporal con la preservación de todas las funciones del cuerpo, en esta era de desarrollo de la humanidad. Y significa el acceso al control de las propiedades de todos los elementos químicos, que conforman el peso corporal. El mundo se desarrollará en la dirección de la creciente capacidad de control de las acciones de la consciencia humana. El desarrollo del mundo en el futuro se puede visualizar como un cono que aumenta con su base hacia arriba. Hay menos eventos relacionados con la parte superior del cono. El Creador organizando el tiempo y el espacio entonces puede estar presente en la parte superior de dicho cono. Es posible averiguar a través de este enfoque en la comprensión de las propiedades del tiempo, que tales pulsos de tiempo no son regulares y se encuentran en un punto del espacio, donde aparece la gravitación. Es posible cambiar la gravitación utilizándola, para fijar las propiedades de la masa corporal en el intervalo del tiempo sacudido y en el punto de la manifestación del tiempo actual cruzado con el futuro. Por lo tanto, al determinar las propiedades del peso corporal, da como resultado la tecnología de acceso al control de estas propiedades, y permite hacer que las plataformas científicas ya existen. El coeficiente de proporcionalidad de **G** en la ley de la gravitación universal se denomina constante gravitacional. La consistencia de la constante gravitacional se verifica con una precisión de 10 en menos 17 grados. En mis invenciones, donde se asigna el elemento de luz correspondiente a eventos futuros, utilicé un valor de 10 a menos 17 grados con una descripción formal de los procesos físicos, que permiten normalizar los eventos a través de la luz. Numéricamente, la constante gravitacional es igual al módulo de la fuerza gravitacional, impactando el cuerpo del punto de la masa de la unidad desde el lado de otro cuerpo similar, situado a partir de él a una distancia unitaria.

En consecuencia, es muy posible utilizar la tecnología de la asignación de las propiedades corporales de una masa unitaria para cambiar la constante gravitacional, tomando la existencia eterna y el desarrollo de la masa corporal como base metodológica de los cálculos.

Esta tecnología se puede utilizar para crear las máquinas que utilizan la gravedad para el movimiento – "gravitoletas / artesanías gravitacionales", y para las tecnologías para asegurar la vida eterna. Una de las tecnologías es que al reducir tal masa de cuerpo a cero en lugar de un peligro para una persona, es posible llevar esta masa a la zona de un pulso de tiempo, donde no hay eventos, es absolutamente seguro.

En la práctica, un dispositivo de este tipo puede parecerse a un dispositivo de teletransporte, que transfiere instantáneamente el cuerpo de una persona a un lugar seguro, cuando hay una amenaza para una persona. Por otra parte, tal teletransportador puede ser pequeño en tamaño, aproximadamente como una caja de cerillas, ya que el mecanismo de interacción con la masa está más concentrado en la masa en sí y, no necesita grandes sistemas externos para utilizarlo. Este enfoque puede proteger a una persona no sólo a nivel de procesos físicos, sino también de los problemas de información. Así, por ejemplo, es posible excluir la información de las enfermedades o el cese de la vida de la realidad, y así, lograr la vida eterna mediante el uso de tales dispositivos. En el desarrollo eterno, una persona sin un dispositivo podrá hacer lo mismo: usar los principios descritos para la vida eterna. Debe estructurar su consciencia para esto de tal manera, para que controle la masa del cuerpo por sí mismo. En el desarrollo eterno, cualquier tecnología puede ser moldeada al nivel de asegurar la vida eterna para todos. A través de los procesos del tiempo se mueve hacia el pasado y el futuro, uno puede moverse tanto hacia el pasado infinito como hacia el futuro eterno, es decir, el mundo eterno es plenamente reconocible, y significa que la vida eterna será alcanzada por todos y garantizada.

VITAMINAS – 31489121871

Las vitaminas son compuestos orgánicos. Se entregan con alimentos en el cuerpo humano en pequeñas cantidades. A pesar de esto, las vitaminas son sustancias vitales, junto con las enzimas. Las vitaminas proporcionan un curso normal de reacciones bioquímicas en un organismo vivo.

Todas las vitaminas se pueden dividir en dos grandes grupos: solubles en agua y solubles en grasa.

<u>Vitaminas solubles en agua</u> – 31649121978

Tiamina (Vitamina B$_1$) (C$_{12}$H$_{17}$N$_4$OS) – 12345788978

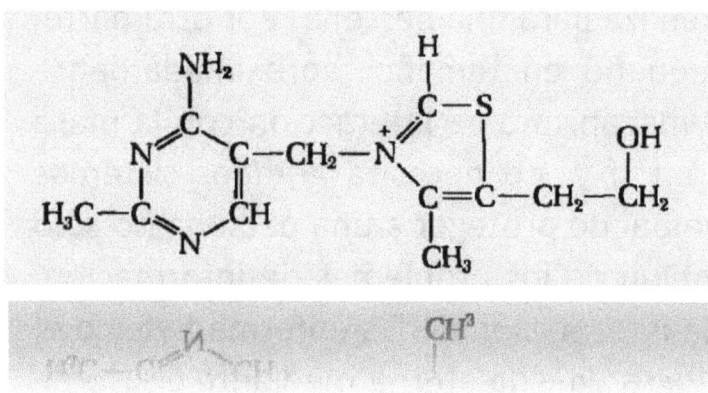

La Tiamina es necesaria para el crecimiento normal y el desarrollo de un cuerpo humano.

Promueve la transferencia normal de impulsos nerviosos al cerebro y a los nervios periféricos.

Participa en el metabolismo de las grasas y carbohidratos, en el mantenimiento del trabajo normal del corazón, el sistema nervioso, el sistema digestivo.

Fuentes de vitaminas: pan blanco de molienda áspera, cerdo, jamón, copos de avena, semillas de girasol, soja, frijoles, guisantes, espinacas. Es sintetizado por bacterias – microflora de un intestino grueso.

Es necesario concentrarse en los primeros seis símbolos de una fórmula química, es decir, en "**C**", el índice "$_1$", el índice "$_2$", "**H**", el índice "$_1$",el índice "$_7$", y en la izquierda tres símbolos de la fórmula estructural, que están en la esquina inferior izquierda –"**H**", el índice "$_3$", "**C**".

Riboflavina (Vitamina B₂) (C₁₇H₂₀N₄O₆) –14854218914

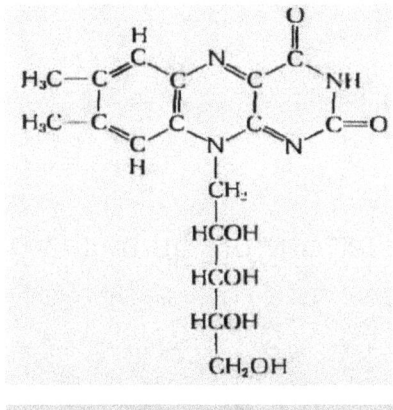

Es una coenzima para muchas enzimas que catalizan las reacciones de reducción de oxidación. Antioxidante. Fuentes de vitaminas: productos lácteos y cárnicos, plátanos, frutos secos, guisantes, grano, hígado, espinacas, queso cottage.

Es necesario concentrarse en toda la fórmula estructural.

Ácido nicotínico (niacina, vitamina B₃) (C₆H₅NO₂) – 51931781942

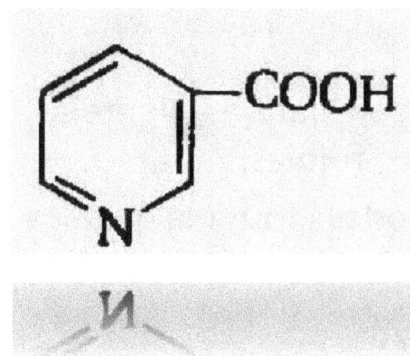

Biosíntesis de ácidos grasos y hormonas. Mantiene la salud de la piel y las membranas mucosas, sistemas nerviosos y digestivos. Antioxidante. Participa en el intercambio de carbohidratos y grasas.

Fuentes de vitaminas: pan de centeno, piñas, carne, frijoles, cacahuete, trigo sarraceno.

Es necesario concentrarse en toda la fórmula química, es decir, en **"C"**, el índice **"₆"**, **"H",** el índice **"₅"**, **"H"**, **"O"** el índice **«₂».**

Ácido pantoténico (C₉H₁₇NO₅) – 59874121801

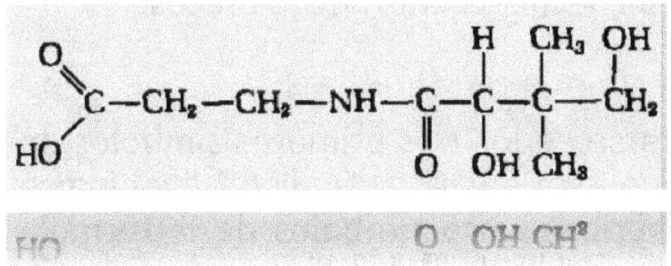

Es necesario para el metabolismo de proteínas, grasas y carbohidratos.

Participa en la síntesis de ácidos grasos, colesterol, hormonas esteroides de las glándulas suprarrenales –

Glucocorticoides. Desempeña un papel importante en la digestión de otras vitaminas, en la formación de anticuerpos.

Fuentes de vitaminas: hígado, cacahuete, guisantes verdes, soja, arroz integral.

Es necesario concentrarse en el primer símbolo **"C"** de la fórmula química y en toda la fórmula estructural.

Piridoxina (Vitamina B$_6$) (C$_8$H$_{11}$NO$_3$) –97856218889

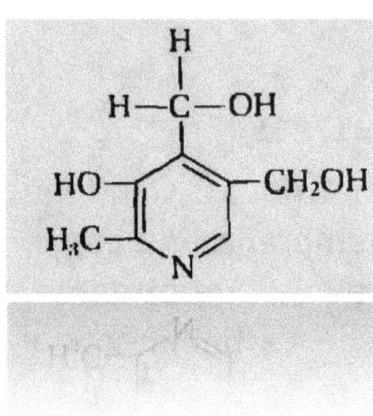

Participa en la asimilación y síntesis de proteínas, en la regulación del nivel de glucosa en sangre. Participa en la síntesis de hemoglobina.

Fuentes de vitaminas: hígado, patatas, lentejas, plátanos, espinacas, zanahorias, frijoles.

Es necesario concentrarse en toda la fórmula química y en toda la fórmula estructural.

Biotina (C$_{10}$H$_{16}$N$_2$O$_3$ S) – 31948121861

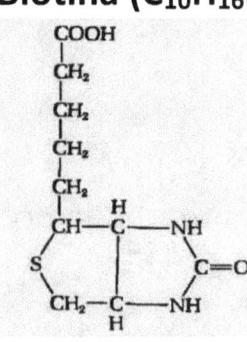

Participa en la síntesis de glucosa (gluconeogénesis), síntesis y escisión de ácidos grasos, metabolismo de aminoácidos.

Fuentes de vitaminas: hígado, habas de soja, levadura de cerveza, copos de avena, leche, coliflor, frutos secos.

Es necesario concentrarse en los tres primeros símbolos de la fórmula química, que está en **"C"**, el índice **"$_1$"**, el índice **"$_0$"**, y en la parte superior cuatro símbolos de la fórmula estructural, que está en **"C", "O", "O", "H"**.

Ácido fólico ($C_{19}H_{19}N_7O_6$) –51421721961

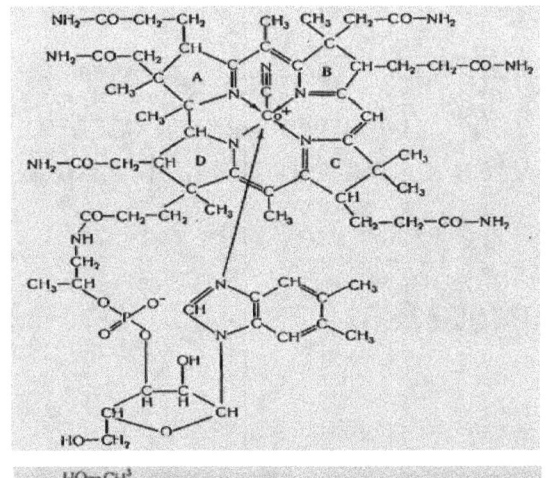

Desempeña un papel importante en el metabolismo de varios aminoácidos y la síntesis de ácidos nucleicos – síntesis de ADN y ARN en la división (mitosis) y el crecimiento de las células, en la síntesis de las proteínas estructurales y funcionales. Es necesario para el crecimiento y desarrollo de un feto, para el crecimiento y desarrollo de la sangre y el sistema inmunológico.

Fuentes de vitaminas: gérmenes de trigo, espinacas, frijoles, hígado, brócoli, miel, pan de harina granular. Es necesario concentrarse en toda la fórmula química, en toda la fórmula estructural y en el reflejo de la fórmula estructural.

Vitamina B_{12} ($C_{63}H_{88}Co\ N_{14}O_{14}P$) – 51964121871

Regula la formación de sangre, metabolismo de los aminoácidos, promueve su mejor asimilación.

Fuentes de vitaminas: hígado, salmón, filete de ternera, huevos. Es desarrollado por los microorganismos en un tracto digestivo de una persona como producto de la actividad de la microflora.

Es necesario concentrarse en la fórmula química de los seis primeros símbolos, que se encuentra en "**C**", el índice "₆", el índice "₃", "**H**", el índice "₈", el índice "₈". Y es necesario concentrarse en toda la fórmula estructural. Durante la concentración en toda la fórmula estructural, al verla, trata de incluir toda la imagen de la fórmula estructural y al mismo tiempo, alrededor de la imagen- donde habrá la aparición   de las áreas de color blanco, es necesario tratar de concentrarse adicionalmente en estas áreas. Esa es una concentración, con la otra dentro de la primera. Este es el principio de la concentración integrada, cuando la acción de concentración se amplifica.

Ácido ascórbico (vitamina C) ($C_6H_8O_6$)–41412558198

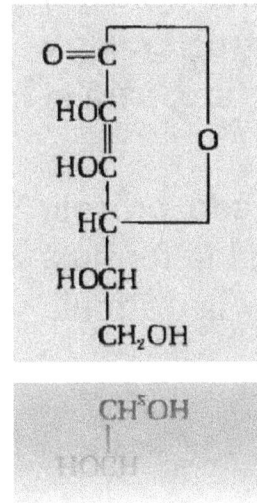

La vitamina C es necesaria para el funcionamiento normal del tejido conectivo y óseo, para la detoxificación y eliminación de sustancias químicas nocivas de un organismo. Antioxidante. Participa en la síntesis de corticoesteroides, en la transformación del colesterol en ácidos biliares. Estimula la síntesis de interferón.

Promueve la absorción y digestión de hierro, escisión, y la eliminación del colesterol. Fuentes de vitaminas: gran cantidad de verduras y frutas, papaya, brócoli, coliflor, naranjas, fresa.

Es necesario concentrarse en toda la fórmula química, es decir, en **"C"**, el índice **"$_6$"**, **"H"**, el índice **"$_8$"**, **"O"**, el índice **"$_6$"**. También es necesario concentrarse en toda la fórmula estructural y en el reflejo de la fórmula estructural.

Vitaminas liposolubles – 31948121861

Vitamina A ($C_{20}H_{39}OH$)–41548128174

Es necesario para la vista y el crecimiento de los huesos, la salud de la piel y el cabello, el trabajo normal del sistema inmunológico – la producción de anticuerpos con leucocitos y la actividad de los linfocitos T. Participa en los procesos de oxidación-reducción, regula la síntesis de proteínas, promueve el curso normal de los procesos de metabolismo en el organismo, la formación de huesos y dientes, ralentiza el proceso de envejecimiento.

Mantiene la vista nocturna por la formación de un pigmento de rodopsina.

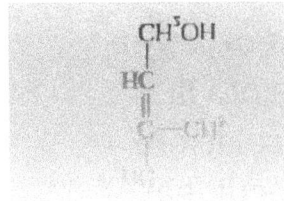

Promueve el humedecimiento de los ojos. Es necesario para el trabajo normal del sistema inmunológico, protege varios sistemas de un organismo de alguna infección. Apoya los integumentos, membranas mucosas en un estado saludable. Es necesario para el desarrollo normal de un feto. Participa en la síntesis de las hormonas esteroides, estimulación de los productos de corticosteroides, andrógenos, y estrógeno. Antioxidante. Perfila las enfermedades del corazón y los vasos. Mantiene el crecimiento y desarrollo normal en la infancia y el período adolescente.

Fuentes de Vitaminas: hígado, hígado de bacalao, queso, leche entera, huevos, mantequilla, crema agria, queso cottage. Una fuente de beta caroteno, el precursor de la vitamina A: zanahorias, patatas, espinacas, albaricoques, melocotones, frijoles, caderas y otros.

Es necesario concentrarse en toda la fórmula estructural y en el reflejo de la fórmula estructural.

Vitamina D – 54251485471

Se sintetiza bajo la acción de los rayos ultravioleta en la piel y se pasa a un cuerpo humano con alimentos.

Proporciona la absorción de calcio de los alimentos en el intestino delgado y la deposición de minerales en los huesos. Crecimiento y desarrollo de células, especialmente leucocitos y células del epitelio. La activación de leucocitos para la lucha contra las infecciones. La estimulación de la síntesis de hormonas.

Fuentes de vitaminas: especie de pescado rico en aceite, aceite de pescado, hígado, huevos, mantequilla.

Es necesario concentrarse en toda la fórmula estructural y en el reflejo de esta fórmula.

Vitamina E (tocoferol) – 31874121861

Antioxidante, mejora la circulación sanguínea, previene la coagulación de la sangre, es necesario para la regeneración de los tejidos, influye favorablemente en la circulación sanguínea periférica, participa en la síntesis de hemoproteínas. El tocoferol previene la autooxidación de lípidos en una membrana, por lo tanto, promueve el mantenimiento de su integridad.

Fuentes de vitaminas: semillas de girasol, trigo germinado, patatas, aceite de bardana, mantequilla, hígado, huevos.

Es necesario concentrarse en toda la fórmula estructural.

Vitamina K - 4845414 9811

Participa en la absorción de calcio y en la interacción del calcio y la vitamina D. Participa en el proceso de coagulación de la sangre, en la producción de las proteínas estructurales y reguladoras en los huesos, por ejemplo, osteocalcina.
Fuentes vitamínicos: espinacas, brócoli, repollo, coliflor, hígado, aguacate, kiwi, plátanos, carne, huevos, soja.

LÍPIDOS – 21849131861

Los lípidos son un grupo de compuestos, directa o indirectamente relacionados con ácidos grasos. Su propiedad general es la siguiente: insolubilidad relativa en agua y solubilidad en éter, cloroformo, benzol.

Grasas, aceites, ceras y compuestos relacionados pertenecen a lípidos.

Los lípidos o grasas son una fuente de energía directa en un organismo humano, que emite energía con la participación en las reacciones bioquímicas o potencialmente en forma de reservas de tejido graso en el tejido subcutáneo y alrededor de ciertos órganos internos.

Los lípidos son los principales componentes de las membranas celulares (paredes celulares). Las membranas separan el contenido celular del espacio extracelular, hay enzimas en ellas, los sistemas de transporte que proporcionan el suministro de algunas sustancias en una célula y la retirada de las otras sustancias de la misma. Muchas propiedades de las membranas celulares son causadas por la existencia de lípidos en ellas.

Los lípidos se pueden dividir en **precursores** de los lípidos, lípidos simples, lípidos complejos, los **derivados de** los lípidos. **Complex**

Precursores de lípidos – 31484121871

Ácidos grasos – 31421721861

Los ácidos carbónicos, que se encuentran en un organismo como parte de los lípidos, realizan las funciones energéticas y plásticas, en un estado libre.

El papel biológico de los ácidos grasos se manifiesta dependiendo de la composición de un lípido. Los ácidos grasos se dividen en los **saturados** e **insaturados.**

Ácidos grasos saturados – 31854121461

Son una fuente de energía para un organismo, participan en la creación de las membranas celulares, la síntesis de hormonas, transferencia y absorción de vitaminas y microelementos.

Ácido fórmico HCOOH – 54989759491

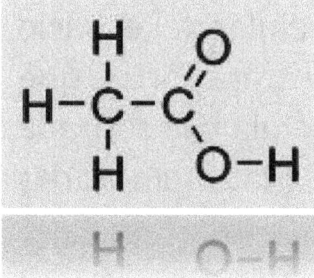

Suplemento nutricional **E236.**

Desempeña un papel importante en el metabolismo intermedio en un organismo para la síntesis de las bases de purina, ácidos nucleicos, porfirinas, metionina, colina, y otros agentes biológicamente activos.

Es necesario concentrarse en toda la fórmula química, es decir, en la **"H" del símbolo, "C", "O", "O", "H",** y en toda la fórmula estructural, y en el reflejo de una fórmula estructural.

Ácido acético CH₃COOH – 31458164918

Suplemento nutricional **E260.**

Se encuentra como un tipo de sales y éteres en un organismo. Juega un papel importante en el metabolismo de un organismo vivo, participa en la biosíntesis de ácidos grasos, esteroides.

El ácido acético es un producto de la fermentación del vino.

Es necesario concentrarse en el primer símbolo "**C**" de una fórmula química y en la fórmula estructural.

Ácido propiónico CH₃CH₂COOH – 48971431971

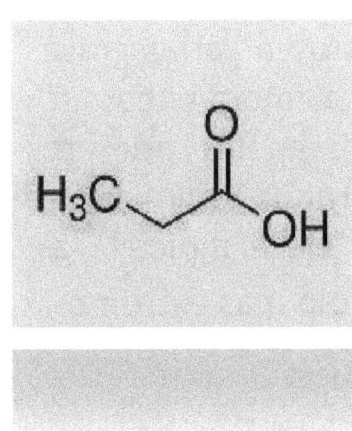

Suplemento nutricional – **E280**.
Se utiliza en la industria alimentaria como conservante para producir productos de panadería y otros, lo que evita el crecimiento del moho. Es seguro al entrar en un organismo como parte de los productos alimenticios.

El ácido propiónico se forma en la fermentación de carbohidratos, descomposición de grasas y proteínas, y en la actividad de las bacterias de Propionibacterium, que se encuentran en el intestino y en la piel de una persona.

Es una parte de las protoporfirinas, que a su vez son los componentes de la hemoglobina, citocromos.

En presencia de la vitamina B ₁₂, el ácido propiónico se convierte en ámbar, que se encuentra en una parte lipídica de la mielina, que aísla las fibras nerviosas del tejido circundante.

Es necesario concentrarse en toda la fórmula química, es decir. "**C**", "**H**" y el índice "**₃**", "**C**", "**H**", el índice "**₂**", "**C**", "**O**", "**O**","**H**".

Acido butírico C₃H₇COOH – 21421731961

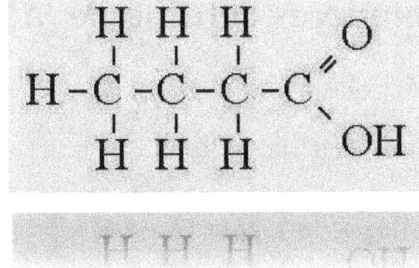

Se forma en el intestino grueso debido a la actividad de la microflora intestinal.

Suministra a las células del intestino energía para la mejora del metabolismo, el control del desarrollo normal de una célula y fortalecimiento

de la protección intestinal – el efecto antiinflamatorio. Encontrado en mantequilla.

Es necesario concentrarse en el primer y en el segundo símbolo de una fórmula química, es decir, en el "**C**" y el índice "$_3$". Es necesario concentrarse en el reflejo de una fórmula estructural.

Ácido caproico C$_5$H$_{11}$COOH – 31484161987

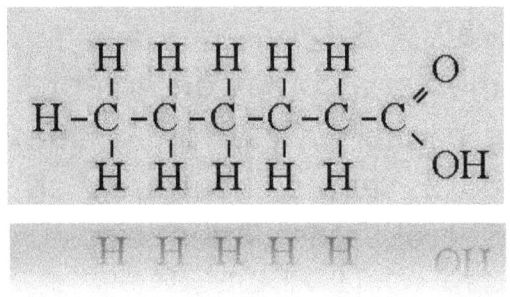

Un producto intermedio del metabolismo en un organismo. Se encuentra en varias grasas animales y en el aceite de palmera babassu. Es necesario concentrarse en los primeros cinco símbolos de la fórmula química, es decir, en "**C**", el índice "$_5$","**H**", el índice "$_1$", el índice "$_1$", y en el símbolo más extremo izquierdo de la fórmula estructural, que está en "**H**".

Ácido caproico (octano) C$_7$ H$_{15}$COOH – 53849171861

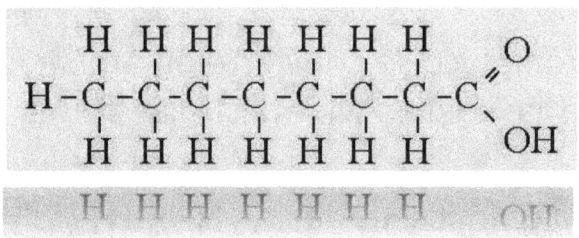

Se encuentra en forma de glicerina en la mantequilla, en la melaza de remolacha, en los aceites vegetales: coco, aceite de palma.

Mantiene un equilibrio normal de microorganismos en el intestino grueso. El ácido caproico es un componente de una forma activa de grelina, la hormona peptídica, producida en el estómago de los mamíferos.

Es necesario concentrarse en los dos primeros símbolos de una fórmula química - en el "**C**", el índice "$_7$" y en dos símbolos inferiores derecho de la fórmula estructural, que está en "**O**", "**H**".

Ácido Cáprico (decanoico) $C_9H_{19}COOH$ - 31489121971

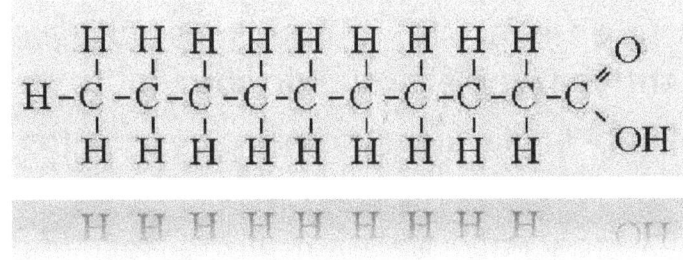

Se encuentra en la mantequilla, en los aceites vegetales: coco, aceite de palma, aceite de grano de ciruela.

Es necesario concentrarse en los dos primeros símbolos de una fórmula química – en el "**C**", el índice "$_9$". También es necesario concentrarse en el reflejo de la fórmula estructural.

Acido láurico $C_{11}H_{23}COOH$– 31849121871 H

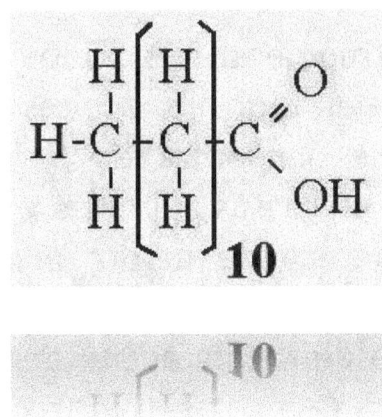

Se encuentra en triglicéridos de las grasas animales. Está contenido en los aceites vegetales: en el aceite de canela, en el aceite de granos de ciruela, coco, palma, aceite de kiwi, aceite de la flor de la pasión. Se considera, que el ácido láurico tiene las propiedades antibacterianas, siendo transformado en la monolaurina en un organismo.

Es necesario concentrarse en los cuatro símbolos que terminan una fórmula química, es decir, en **"C", "O", "O" "H".** También es necesario concentrarse en el reflejo de la fórmula estructural.

Ácido micístico $C_{13}H_{27}COOH$ – 31984121871 C

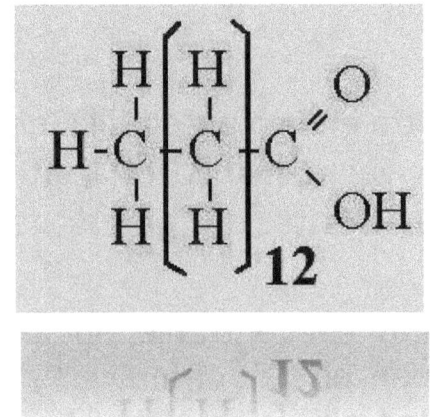

Se encuentra en el aceite de nuez moscada, en pequeña cantidad – en el aceite de coco.

Está contenido en la leche como parte de los triglicéridos.

Es necesario concentrarse en toda la fórmula química y en el reflejo de la fórmula estructural.

Ácido palmítico $CH_3(CH_2)_{14}COOH$ – 31948121861

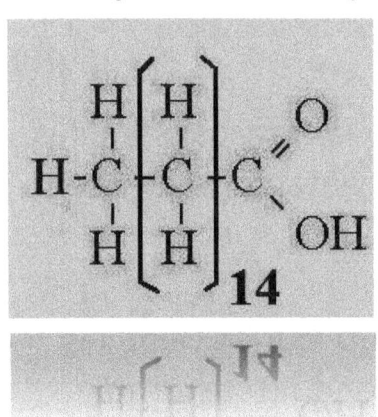

Contenido como parte de los triglicéridos en la leche.

Es el componente mayor encontrado entre los ácidos grasos saturados, prácticamente en todos los aceites y grasas del origen natural. Se encuentra en los glicéridos de una gran cantidad de grasas animales y vegetales: aceite de vaca, manteca de cerdo; en aceites: aceite de palma, aceite de café negro, aceite de semilla de algodón, manteca de cacao, aceite de germen de trigo y otros, en cera de abejas en forma de éter mirístico de ácido palmítico.

En los organismos animales, el ácido palmítico es el producto final de la síntesis de los ácidos grasos de acetil-CoA. Es necesario concentrarse en los tres primeros símbolos de una fórmula química, es decir, en **"C", "H"**, el índice **"₃"**, y en toda la fórmula estructural.

Ácido estearíco $_{CH3}(CH_2)_{16}COOH$ – 59429179861

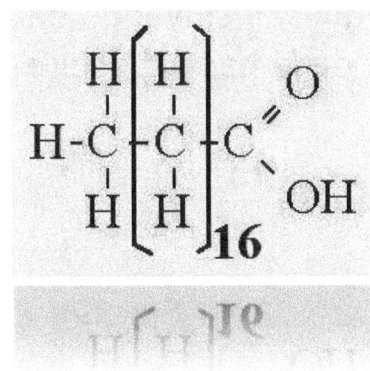

Está muy extendido en la naturaleza, se encuentra en forma de glicéridos en la composición de lípidos, en primer lugar, de triglicéridos, grasas de origen animal que realizan la función del depósito de energía: en la grasa de cordero, en los aceites vegetales: aceite de palma, aceite de coco. Como parte de los triglicéridos, es contenida en la leche.

Se sintetiza a partir del ácido palmítico en un organismo bajo la influencia de enzimas. Es necesario concentrarse en los dos primeros símbolos de una fórmula química, es decir, en **"C" "H",** y en dos símbolos en la esquina inferior derecha, en la parte inferior derecha de una fórmula estructural, que está en **"O""H"**.

Ácido araquídico (ácido eaicosanoico) $CH_3(CH_2)_{18}COOH$ – 53848121861

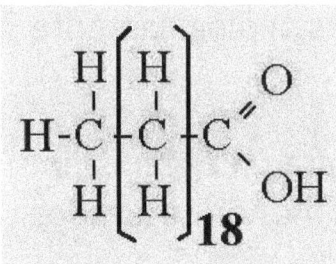

El ácido araquidíco se sintetiza en el organismo de los animales, pero el ácido linoleico sirve como el material de su síntesis.

Contenido en mantequilla, en el aceite de cacahuetes (cacahuete) y otros aceites vegetales.

Es necesario concentrarse en toda la fórmula química y en toda la fórmula estructural.

Ácido behénico $CH_3(CH_2)_{20}COOH$ – 31854989471

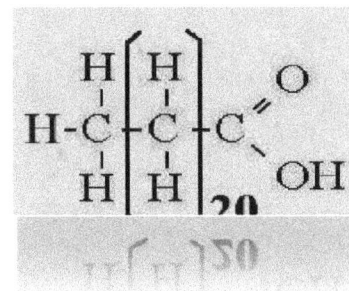

Se encuentra en muchos aceites vegetales, incluyendo aceite behénico, (moringa oliva), en el aceite de mostaza, aceite de cardo, aceite de semilla de colza y otros.

Es necesario concentrarse en toda la fórmula estructural y en el reflejo de la fórmula estructural.

Ácido lignocérico (ácido lignocerico) $CH_3(CH_2)_{22}COOH$– 31854838961

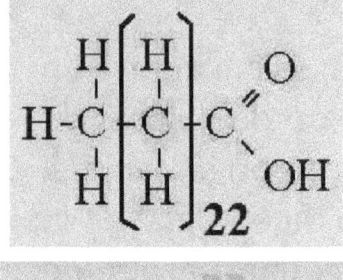

Contenido en muchos aceites vegetales, incluyendo en aceite de mostaza, aceite de la flor de la pasión, aceite de avena, aceite de cacahuete.

Es necesario concentrarse en cuatro símbolos, terminando una fórmula química, es decir, **"C"**, **"O"**, **"O"** "N".

Ácidos grasos insaturados – 53184121971

Los ácidos grasos insaturados son los ácidos que tienen uno o varios enlaces dobles.

Los ácidos grasos insaturados son necesarios para la regulación de las sustancias celulares, para la síntesis de las prostaglandinas – los reguladores de la protección inmune, leucotrienos, y otras sustancias biológicamente activas.

Los ácidos grasos insaturados son una fuente de energía para un organismo. Todos los ácidos grasos insaturados se pueden dividir en los monoinsaturados y poliinsaturados.

Monoinsaturados ácidos grasos – 31849121878

Los ácidos grasos monoinsaturados proporcionan un cierto estado de las membranas celulares para el paso libre de ácidos grasos poliinsaturados en una célula.

Acido palmitoleico – 53949121968
$$CH_3\text{-}(CH_2)_5\text{-}CH=CH\text{-}(CH_2)_7\text{-}COOH$$

Se encuentra en las grasas animales, en los lípidos del mar, en el aceite de semilla de cuerno de espino marino.

El ácido palmitoleico activa la lipoxina, la hormona del metabolismo lipídico en el tejido adiposo. Es parte de los éteres de colesterol en el suero sanguíneo, que influye en la síntesis de ácidos grasos de los carbohidratos en el hígado.

Es necesario concentrarse en los tres primeros símbolos de la fórmula química, es decir, en la **"C", "H",** el índice "$_3$".

Ácido oleíco – $C_{17}H_{33}$ COOH -53874121871

$$CH_3\text{-}(CH_2)_7\text{-}CH$$
$$\parallel$$
$$COOH\text{-}(CH_2)_7\text{-}CH$$

$$CH_3\text{-}(CH_2)_7\text{-}CH=CH\text{-}(CH_2)_7\text{-}COOH$$

(*cis*-9 - ácido octadecenoico) Contenido en el aceite de oliva, en la palma, coco, colza, aceites de soja como parte de los glicéridos.

Ácido elaídico – $C_{18}H_{34}O_2$ – 53964121878

$$CH_3\text{-}(CH_2)_7\text{-}CH$$
$$\parallel$$
$$CH\text{-}(CH_2)_7\text{-}COOH$$

$CH_3\text{-}(CH_2)_7\text{-}CH=CH\text{-}(CH_2)_7\text{-}COOH$ (**ácido** trans-9- octadecenoico)

Normalización de la composición de los elementos químicos a través de la concentración en los números

Ácido erúcico – $C_{22}H_{42}O_2$ – 34854121871

CH_3-$(CH_2)_7$-CH-CH-$(CH_2)_{11}$-COOH

Contenido en el aceite de semilla de colza y mostaza.

Ácido nervónico – 53968121978
CH_3-$(CH_2)_7$-CH=CH-$(CH_2)_{13}$-COOH

Fue extraído por primera vez de los lípidos de los peces, se encontró en los cerebrósidos del cerebro.

Ácidos grasos poliinsaturados – 31849121871

Los ácidos grasos poliinsaturados pertenecen a los factores esenciales de la nutrición, no se forman en un organismo y deben venir con alimentos.

Participan en la síntesis de eicosanoides – prostaglandinas y leucotrienos, que previenen el desarrollo de la aterosclerosis; normalizan una condición de un músculo cardíaco, tienen la acción antiarrítmica, regulan los procesos inflamatorios en un organismo, reducen el nivel de colesterol.

Ácido linoleico ((diénico) – 51354831861
$CH_3(CH_2)_3$-$(CH_2$-CH=CH$)_2$-$(CH_2)_7$-COOH

Contenido en el aceite de soja, girasol, aceites de algodón, en trigo, cacahuete.
El ácido linoleico entra en un organismo con alimentos, ya que no se sintetiza en el cuerpo humano, por lo tanto, es por eso que el ácido linoleico es esencial. Es un precursor de todos los ácidos grasos poliinsaturados. Es necesario concentrarse en toda la fórmula química.

Ácido Gamma y linolénico (trienoico) – 31848121878
CH_3-(CH_2) - $(CH_2$-CH=CH$)_3$-$(CH_2)_6$-COOH
Es el primer producto intermedio en la biosíntesis de los otros ácidos grasos

140 | © G.P. Grabovoi, 2001

poliinsaturados. Contenido en algunos aceites vegetales.

Es necesario concentrarse en los tres primeros símbolos de la fórmula, es decir, en **"C", "H",** el índice "$_3$".

Alfa - ácido linolénico (trienoico) – 53814811961
$$CH_3-(CH_2-CH=CH)_3-(CH_2)_7-COOH$$

El aceite de soja, la semilla de colza y los aceites de lino son las principales fuentes de alimento de este ácido. Es un precursor de algunos otros ácidos grasos poliinsaturados.

Es necesario concentrarse en todos los símbolos de la fórmula.

Ácido Araquidónico (tetraeno) – 53964121871
$$CH_3-(CH_2)_4-(CH=CH-CH_2)_4-(CH_2)_2-COOH$$

Se encuentra en los fosfolípidos de las membranas celulares, el precursor de los eicosanoides.

Ácido timnondónico (ácido pentaenoico)
Ácido eicosatetraenoico – 31854121861
$$CH_3-(CH_2)-(CH=CH-CH_2)_5-(CH_2)_2-COOH$$

Se encuentra principalmente en el aceite de hígado de bacalao, tiene un impacto positivo en el desarrollo del cerebro y un sistema visual en el desarrollo prenatal del hombre. Es necesario concentrarse en toda la fórmula.

Ácido clupanodónico (ácido pentaenoico) –
Ácido docosapentaenoico – 31849121861
$$CH_3-(CH_2)_2-(CH=CH-CH_2)_5-(CH_2)-COOH$$

Contenido en el aceite de hígado de bacalao, fosfolípidos cerebrales.

El ácido cervónico (hexanoico) docosahexaenoico
ácido – 38964121871
$CH_3-(CH_2)-(CH=CH-CH_2)_6-(CH_2)-COOH$

Se encuentra en el aceite de hígado de bacalao, fosfolípidos cerebrales. Es necesario concentrarse en toda la fórmula.

* * *

Glicerina (glicerol) $HOCH_2-CH(OH)-CH_2OH$ –31874121861

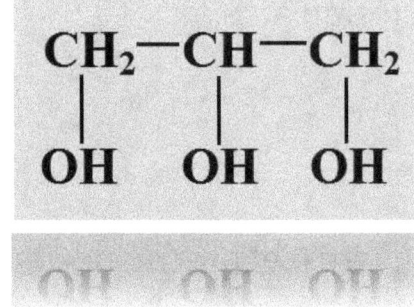

La glicerina es el representante más elemental de los alcoholes triatómicos.

La glicerina es el componente principal de todas las grasas simples y fosfolípidos, formando el éster con ácidos grasos, y de los residuos de ácido fosfórico en caso de fosfolípidos.

Los triglicéridos juegan un papel importante en el proceso de metabolismo en los organismos vivos.

Es necesario concentrarse en cinco símbolos que terminan la fórmula que está en **"C", "H",** el índice **"$_2$", "O", "H",** y en la reflexión de una fórmula estructural.

Derivados de ácidos grasos – 31964121871

Eicosanoides – 38421721498

Hormonas como sustancias, que son los derivados de los ácidos grasos eicosatrienoicos, araquidónicos y timnodónicos. Los eicosanoides se forman casi en todas las células de un organismo y participan en la regulación de la actividad de varios sistemas de un organismo. Los eicosanoides incluyen lo siguiente:

Prostaglandinas (PG) – 38949121961

Se encuentran en la composición de prácticamente todos los tejidos del organismo humano, son potentes compuestos biológicamente activos. Se sintetizan prácticamente en todas las células, excepto los eritrocitos y linfocitos. Influir en el tono de los músculos sin rayas de los tubos bronquiales, sistemas urogenitales y vasculares, un tracto digestivo, en la temperatura corporal.

Prostaciclinas (PG-1) – 31849129861

Algunas variaciones de las prostaglandinas, pero excepto las funciones inherentes a los otros representantes de este grupo, poseen la función de retraso de la agregación de trombocitos, un efecto vasodilatador. Se sintetizan principalmente en el endotelio de los vasos de miocardio, un útero, en la mucosa del estómago.

Tromboxanos – 38964129878

Se forman en los trombocitos, aumentan su agregación, causan estrechamiento de pequeños vasos.

Leucotrienos (LT) – 59874959781

Se sintetizan en los leucocitos, en las células de los pulmones, el bazo, el cerebro, el corazón. Estimulan la movilidad, la quimiotaxis y la migración de leucocitos en el centro de inflamación, causan la reducción de los músculos bronquiales.

HOMOLÍPIDOS – 39484129878

Ésteres compuestos de ácidos grasos con varios alcoholes.

Grasas – triglicéridos (triacilglicerol) – 53849129878

Ésteres compuestos de ácidos grasos con glicerol. Almacenados en las células grasas, si es necesario, se utilizan como fuentes de energía.

Los lípidos juegan un papel importante en los procesos del metabolismo en un organismo humano. Participan en el transporte de ácidos grasos en todos los tejidos del cuerpo, que son una importante fuente de energía.

Ceras – 38249131961

Ésteres compuestos de ácidos grasos con alcoholes monovalentes. Las ceras realizan principalmente una función protectora, que se reduce a la formación de los recubrimientos protectores en un organismo. Las ceras se encuentran en la piel que cubre la grasa.

Ceramida (esfingosina) – 89314829871

Éster compuesto de ácido graso y amino alcohol. Los esfingolípidos compuestos se forman sobre la base de la ceramida.

LÍPIDOS COMPUESTOS – 31489121491

Ésteres compuestos de ácidos grasos con alcoholes, que además, contienen los otros grupos, así.

FOSFOLÍPIDOS – 36149129878

Los lípidos, que incluyen ácidos grasos, alcohol, y el residuo del ácido fosfórico en la composición, algunos fosfolípidos también incluyen las bases nitrogenadas y otros componentes.

Los fosfolípidos son una base de todas las membranas celulares, se encuentran en las lipoproteínas de la sangre, cubren la superficie de los alvéolos pulmonares, evitando la adhesión de las paredes durante una exhalación.

Gricefosfolípidos – 31489759868

Glicerofosfolípidos (fosfoglicéridos)- ésteres compuestos de un glicerol y dos ácidos grasos en la primera y segunda posición; hay un residuo de ácido fosfórico en la tercera posición.

Fosfatidilcolina – 31485121861

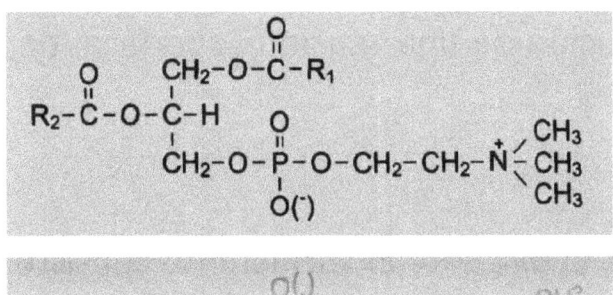

Lecitinas. Fosfatidilcolina es parte de las membranas celulares. Consiste en glicerina y ácidos grasos, residuos del ácido fosfórico y colina.

Llevan a cabo las funciones metabólicas y estructurales en las membranas celulares.

Es necesario concentrarse en el reflejo de la fórmula estructural.

Fosfatidilserina – 31854121879

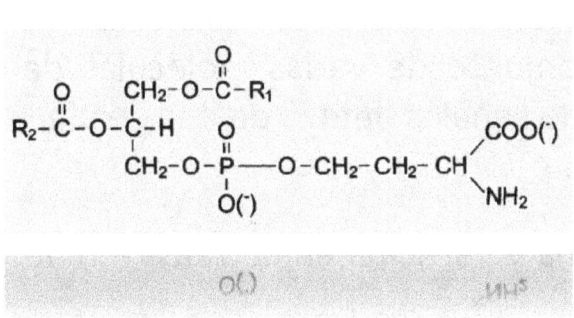

Un fosfolípido, un componente de la capa interna de una membrana plasmática. Produce 7-10% de los lípidos de las células neurales.

Se pasa a un organismo junto con alimentos, generalmente, de productos pesqueros, verduras, soja y arroz.

Es necesario concentrarse en toda la fórmula estructural.

Fosfatidiletanolamina – 31649389481

Fosfatidiletanolaminas están contenidas en todos los órganos de un organismo humano, sobre todo en el cerebro, en plasma sanguíneo, hígado y en los riñones.

Fosfatidiletanolaminas son los precursores de fosfatidilcolinas.

Es necesario concentrarse en toda la fórmula estructural.

Fosfatidilglicerol – 53184121876

El fosfolípido, que es una parte del tensioactivo pulmonar, que evita la adhesión de alvéolos debido a la disminución de una tensión superficial de líquido.

Surfactante -58931429868

ayuda a los pulmones a inhalar, absorber el oxígeno. El surfactante consiste en grasas, aproximadamente 90%. En caso de ingresos insuficientes de grasas de calidad en un organismo con alimentos, existe la posibilidad de hipoxia – una condición de la disminución del contenido de oxígeno en los tejidos del cuerpo.

Fosfatidilinositol – 31853121864

Se encuentra en la capa interna de las membranas celulares. El Fosfatidilinositol es un precursor de un conjunto de varias moléculas de cinasa de señal. Participa en la transmisión de señales dentro de una célula.

Bifosfato Fosfatidilinositol – 34853121879

Se encuentra en la membrana celular externa y participa en la transición de las señales hormonales a una célula.

Ácido fosfatídico – 31489121961

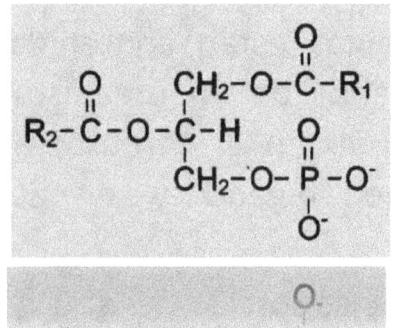

Un producto intermedio para la síntesis de triacylglycerol y glicerofosfolípidos.

Es necesario concentrarse en el símbolo superior de la fórmula estructural, es decir, en "**O**".

Cardiolipina (difosfatidilglicerol) – 31854121968

La cardiolipina se encuentra principalmente dentro de la membrana interna de las mitocondrias y en una pequeña cantidad en el surfactante de los pulmones.

Esfingofosfolípidos – 31485121649

Los esfingofosfolípidos (esfingomielina) consisten en ceramida, un residuo de ácidos grasos y colina o etanolamina.

Esfingomielinas – 53184121961

La esfingomelinas se encuentra en las membranas de varias células, principalmente en las células del tejido nervioso, especialmente el alto contenido de estas sustancias está en la membrana de mielina de los axones.

Glycosphingolipid – 31854821969

La molécula de glicosphingolipid contiene ácidos grasos, esfingosina, y un componente de carbohidratos.

Los glucólidos se encuentran básicamente en las membranas celulares del tejido nervioso. Los nombres "cerebrosides" y "gangliosides" indican los tejidos, desde donde se asignaron por primera vez.

Cerebrósidos – 51384121961

Los cerebrósidos tienen monosacáridos en su composición.

Globosides – 38974128968

Contienen varios residuos de carbohidratos en el compuesto. Están unidos con ceramida.

Sulfátidos – 31487121939

Esfingolípidos ácidos. Los sulfátidos se encuentran principalmente en las cantidades significativas en la sustancia blanca del cerebro.

Gangliósidos – 84968131978

Contienen varios residuos de carbohidratos, entre los que hay ácido N-acetilneuraminico.

Se encuentra principalmente en las células ganglionares del tejido nervioso, en las membranas plasmáticas de muchas células – eritrocitos, hepatocitos, células de un bazo y otros órganos. Un papel de liderazgo es la participación en la implementación de los contactos intercelulares.

OTROS LÍPIDOS COMPUESTOS

Sulfópidos – 36453121971

Los lípidos, las moléculas de los cuales tienen las propiedades ácidas debido a la existencia de un grupo de sulfonato en la molécula.

Los sulfólidos se encuentran en un organismo vivo en forma de sales.

Lipoproteínas de plasma sanguíneo– 48964129871

El plasma sanguíneo contiene lipoproteínas, que llevan a cabo la transferencia de lípidos del hígado a los otros órganos. Estos son los compuestos, que se pueden referir a dos clases – proteínas y lípidos.

Como parte de las lipoproteínas, puede haber ácidos grasos libres, grasas neutrales, fosfolípidos, colesteroides.

Lipoproteínas de alta densidad (LPHD) –31854939868

Función – transferencia de colesterol de los tejidos periféricos al hígado.

Lipoproteínas de baja densidad (LPLD) – 63183121971

Función – transporte de colesterol, triacliclicéridos y fosfolípidos desde el hígado a los tejidos periféricos.

Lipoproteínas de densidad intermedia (media) LPID (LPAD) – 31750121978

Función – transferencia de colesterol, triacliclicéridos y fosfolípidos del hígado a los tejidos periféricos.

Lipoproteínas de muy baja densidad (LPONP) –18964101981

Función – transferencia de colesterol, triacliclicéridos y fosfolípidos del hígado a los tejidos periféricos.

Quilomicra– 31864951879

Transporte de colesterol y ácidos grasos entrantes con alimentos del intestino en los tejidos periféricos y el hígado.

LIPOIDES – 31754121874

El grupo de sustancias orgánicas, que no está conectado con ácidos grasos, pero tiene las propiedades similares. Son insolubles en agua y son solubles en grasas y disolventes orgánicos. La masa principal de lipoideos en un organismo humano se forma a base de colesterol.

Colesterol (colesterina) – 31831654981

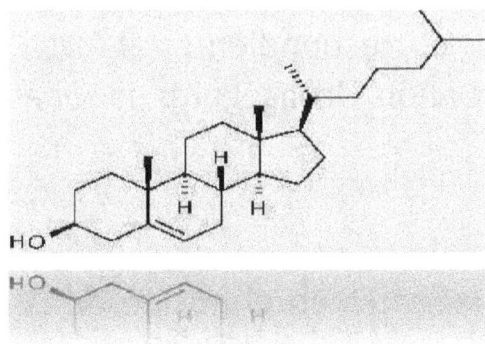

Lleva a cabo un papel regulador, mantiene la estabilidad de las membranas celulares en un organismo humano. Ante la falta de colesterol en una célula, la transición a través de una membrana es muy complicada, en algunos casos, cuando hay exceso de colesterol, se puede colocar en las paredes de los vasos, lo que resultaría en la formación de los lípidos placas, que conduce a la aparición de la aterosclerosis del vaso. Los ácidos biliares y las hormonas esteroides se sintetizan en función del colesterol en un organismo humano. Estas son las hormonas de las glándulas suprarrenales y hormonas sexuales, estrógenos de las mujeres, andrógenos de los hombres.

Muchas vitaminas solubles en aceite, por ejemplo A, E, K, D se sintetizan a base de colesterol. Es necesario concentrarse en toda la fórmula estructural y en el reflejo de una fórmula estructural.

Ácidos biliares – 36484129879

Los ácidos biliares tienen las propiedades superficiales-activas y participan en la digestión de las grasas, emulsionándolas y poniéndolas a disposición de la acción de la lipasa pancreática. Los ácidos biliares son los derivados del colesterol.

Derivados de lípidos – 14936129831

Vitaminas y hormonas liposolubles – su construcción y un papel biológico en un organismo se describieron anteriormente en las secciones apropiadas.

ÁCIDO DESOXIRRIBONUCLEICO (ADN)

Acido desoxirribonucleico (ADN) — 53184854961

una macromolécula (una de las tres básicas, otras dos - ARN y proteínas) que proporciona almacenamiento, transmisión de generación en generación, y la realización de un programa genético para el desarrollo y funcionamiento de organismos vivos. Al concentrarse en los números correspondientes al ADN, el programa genético se implementa en la dirección de asegurar la vida eterna.

El ADN contiene información sobre la estructura de varios tipos de ARN y proteínas. En las células humanas, el ADN se encuentra en el núcleo de la célula y en los cromosomas.

Al concentrarse con la fuerza del espíritu en los núcleos de las células, uno puede crear el ADN de la vida eterna en el organismo.

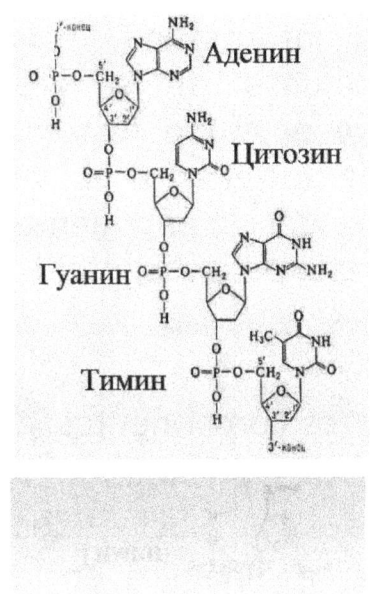

Una molécula de ADN es un biopolímero, cuyo monómero es un nucleótido. Cada nucleótido consiste en una base nitrogenada, un azúcar (desoxirribosa) y un grupo fosfático.

Los **nucleótidos** se unen en largas hebras de polinucleótidos.

Para asegurar el desarrollo eterno, trate de concentrarse periódicamente tanto en el área dentro de la hebra de polinucleótido como fuera de esta área al mismo tiempo.

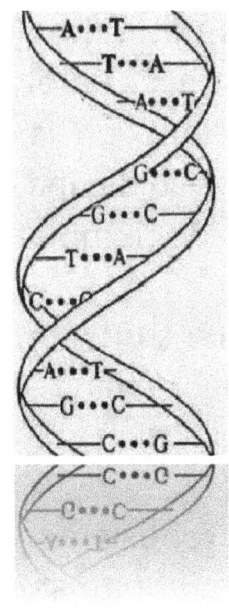

Estas hebras están emparejadas por los enlaces de hidrógeno en la estructura secundaria por las bases nitrogenadas orientadas entre sí en la inmensa mayoría de los casos. Fortalecer tales enlaces de hidrógeno por las concentraciones. Estas dos hebras largas se enrollan una alrededor de la otra en forma de una doble hélice, estabilizada por enlaces de hidrógeno formados entre las bases de nitrógeno de las hebras que lo forman. En la naturaleza, esta espiral es más a menudo diestra. Esta hélice es en su mayoría diestra en la naturaleza.

Compáralo con la hélice zurda, que visualizaste en tu consciencia, y puedes ver, donde necesitas concentrarte más en la hélice diestra para asegurar la vida eterna. También puede concentrarse en las hélices del ADN y la serie numérica **894791** para desarrollar las capacidades de clarividencia y pronóstico para asegurar la vida eterna.

Cuando practicas a través de tu consciencia con la información del ADN, se puede ver, que la información de los eventos pasados se proyecta sobre la base nitrogenada en el monómero del ADN, nucleótido, la información de los acontecimientos pasados y actuales se proyecta sobre la desoxirribosa, y la información de los eventos futuros se proyecta sobre el grupo fosfato. Habiendo sabido esto, esta información puede ser leída por el esfuerzo de voluntad combinado con la acción del espíritu del componente correspondiente del nucleótido, y, si es necesario mejorarla para asegurar la vida eterna para todos con la acción del Alma.

Al llevar a cabo las acciones simultáneamente con los tres componentes, a menudo es suficiente establecer simplemente tal objetivo y comenzar a realizarlo. Se puede considerar, cómo el tejido de los nucleótidos constituyentes pasa al tejido del alma. Y existe un área dinámica en la consciencia, donde estos tejidos no difieren en color. Este es un área, donde una persona es percibida como una sola entidad por el tipo de la Trinidad Divina, y sólo el impulso del alma, dirigido precisamente al desarrollo eterno, crea una persona específica. Demuestra que el hombre en su naturaleza divina primaria ha elegido la vida eterna, lo que le permitió aparecer en el mundo físico. Por lo tanto, es suficiente recordar el lugar descrito en la consciencia y el espacio dinámico para entender cómo el cuerpo físico de una persona es creado por la obra del alma y para aprenderlo a su debido tiempo.

Por lo tanto, la tecnología de lograr la vida eterna por una persona concreta a través de la creación de su cuerpo físico por la acción del Alma se generalizará más rápidamente.

Por supuesto, la tarea de crear condiciones de vida seguras para todos en el planeta para garantizar la provisión de la vida eterna en tiempo infinito se preservará, pero se puede resolver más rápidamente, cuando hay más personas capaces de crear cuerpo físico humano con la acción del alma.

Existen cuatro tipos de bases nitrogenadas en el ADN:

Adenina (A) C₅H₅N₅ – 51847121949

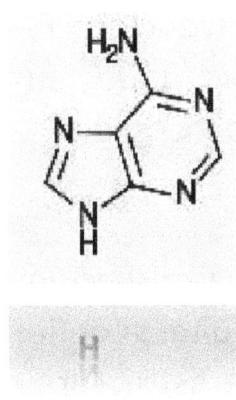

Adenina (A) **C₅H₅N₅ – 51847121949** Una base nitrogenada, derivado del amina de purina. Durante la concentración en el tercer símbolo de la fórmula química **"H","**, se crean los acontecimientos futuros de la vida eterna. Podemos concluir de esto, que los átomos concretos de los elementos químicos, ubicados de cierta manera en el organismo humano, reciben la información de eventos futuros, y por lo tanto, los eventos futuros en la dirección de asegurar la vida eterna se pueden ajustar a través de tales átomos. La información del mundo entero se transforma en la información de la vida eterna del hombre a través de los átomos de los elementos químicos. Y, cada elemento de los eventos se puede contemplar, como en una especie de pantalla, en una parte específica de un átomo de un elemento químico.

El paradigma divino universal del orden mundial reside en él, que consiste en el hecho de que el microcosmos influye en el macrocosmos en los procesos de desarrollo eterno. El elemento aplicado de esta cognición es la posibilidad de normalizar los procesos en el organismo humano a través de la dirección de estos procesos hacia la eternidad. Por lo tanto, uno puede concentrar su mirada en el átomo de nitrógeno **"N"** en la fórmula química de adenina y pensar, que los enlaces de información del átomo de nitrógeno en el ADN deben asegurar la vida eterna y conseguir que todo el organismo sane.

Es posible obtener la tecnología de la medicina del ADN de este nivel, que se basa en la activación de los átomos de ADN individuales o sus combinaciones. Puede normalizar no sólo la materia del cuerpo, sino también regenerar los órganos y resucitar. Para implementar este tipo de medicina, es necesario que un operador humano, que genera una bioseñal en el área de los átomos de ADN, o los dispositivos que activan los átomos de ADN, utilizaría la energía lumínica relacionada con la proyección de los eventos futuros. Cualquier elemento de la realidad interactúa con la luz del futuro en cada momento, y, después de haber aprendido a usar esta luz, es posible formar el bien eterno futuro saludable para el hombre de ella. Este principio de resaltar la luz futura para la normalización de los acontecimientos se utiliza en mi invención "El método de las catástrofes de prevención y el dispositivo para su implementación", y se ha implementado en los resultados prácticos de la normalización de los acontecimientos.

Para la normalización de los acontecimientos, incluida la salud, en la dirección de la vida eterna, uno puede concentrarse en toda la fórmula química de la adenina (A), en su fórmula estructural y el reflejo de la fórmula estructural dada en la figura.

Guanina (G) $C_5H_5N_5O$ – 51951431981

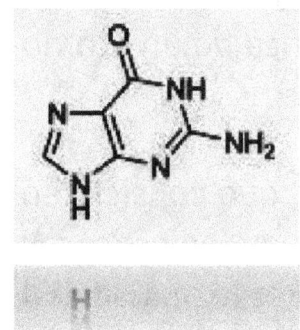

Una base nitrogenada, derivado del amina de purina. Concéntrese en toda la fórmula estructural.

Timina (T) $C_5H_6N_2O_2$ – 51489169178

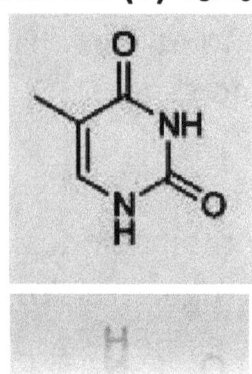

Una base de nitrógeno, derivado de pirimidina. Es necesario concentrarse en toda la fórmula estructural y en el reflejo de la fórmula estructural.

Citosina (C) $C_4H_5N_3O$ - 84937121984

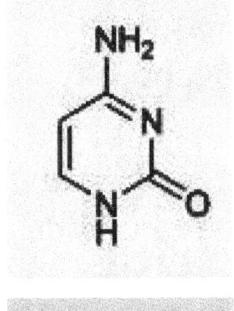

Una base nitrogenosa, derivada de la pirimidina.

Las bases de nitrógeno de una de las hebras están unidas a las bases de nitrógeno de la otra hebra por los enlaces de hidrógeno de acuerdo con el principio de complementariedad:

La Adenina está unida sólo con la **timina: A (A) – T (T)**

La Guanina está unida sólo con la **citosina: G (G) – C (C)**

Dicha secuencia de nucleótidos permite "codificar" la información necesaria.

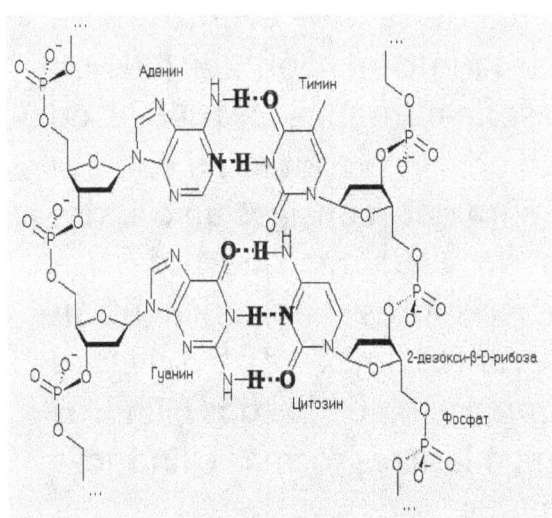

Al producir las concentraciones espirituales de acuerdo con la secuencia indicada de los nucleótidos por percepción visual del esquema estructural con el propósito de la vida eterna y visualizando el número **91589** por encima del esquema, es posible crear o llevar la materia física de una persona a la norma. La memorización será precisa a nivel espiritual con esta práctica, y el algoritmo para crear y llevar la materia física del hombre a la normal será el mismo en la conciencia colectiva. Esto permitirá llevar a cabo cada creación posterior o la normalización de la materia humana con el objetivo de la restauración de la salud, para asegurar la vida eterna, y producirla con menos esfuerzo y más rápido.

Uracilo $C_4H_4N_2O_2$ – 51647189849

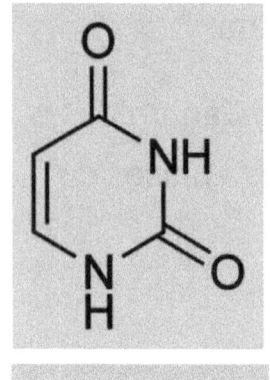

Otra base nitrogenada, un derivado de la pirimidina, que no se encuentra en el ADN, pero se encuentra en el ARN, se une con adenina a través de los enlaces de hidrógeno, reemplazando a la timina en este caso: A-U.

El ácido ribonucleico (ARN) es una de las tres macromoléculas básicas, que se encuentran en las células de todos los organismos vivos. El ARN toma una parte directa en el proceso de síntesis proteica del organismo, leyendo y transfiriendo la información codificada en el ADN a las áreas correspondientes de una célula.

Con la concentración en la serie numérica **298641,** la información del sistema que proporciona la vida eterna de una persona a las células se puede transferir con la ayuda de ARN. Al añadir los números **29164878** a la información sobre el ARN en su pensamiento, el ARN se convierte en un elemento, que siempre permite alcanzar la norma de salud y eventos. Para lograr una norma de salud, es posible visualizar la información del ARN en forma cilíndrica y visualizar la información de la serie numérica **29164878** en forma cilíndrica, también. Entonces estos dos cilindros se contactan entre sí con sus bases en el espacio de su pensamiento, para que consigas un cilindro con una doble altura. En este caso, es necesario visualizar que todas las acciones se llevan a cabo, cuando los cilindros se encuentran horizontalmente. Para obtener la norma de los eventos, imagina otro cilindro que aparece verticalmente hacia arriba en la intersección de los dos cilindros anteriores. La luz que emerge de la intersección de las tres formas cilíndricas de información será la norma de eventos futuros.

Entonces, dirija mentalmente esta luz a su organismo y observe por un tiempo con su visión, con la que percibes tus pensamientos, que esta luz es absorbida por tu organismo.

Los enlaces de hidrógeno, por los cuales las bases nitrogenadas de una de las hebras de ADN están unidas con las bases nitrogenadas de otra cadena de ADN, no son enlaces muy fuertes, es por eso que se rompen fácilmente y se vuelven a unir fácilmente. Las hebras de una doble hélice de ADN se pueden separar como una cremallera bajo la influencia de enzimas - helicasas. Helicasas son una clase de enzimas, moléculas de proteína que desenrollan la doble hélice de una molécula de ADN durante la replicación - copia de información genética. Es posible normalizar el efecto de las helicasas en la dirección de la vida eterna con la serie numérica **291648719398**, e indirectamente, desarrollar los procesos dinámicos del macro mundo en el área de la norma del desarrollo eterno a través de los enlaces de hidrógeno, por ejemplo: para evitar que un cuerpo u objeto peligroso caiga a la Tierra. Mediante el uso de una secuencia de este tipo, también es posible ser protegido de los campos dañinos o radiaciones para un ser humano.

El ADN, ubicado en el núcleo de una célula, es el componente principal de los cromosomas. Mediante el uso de la serie numérica **298741,** el núcleo de una célula puede ser dirigido al campo de la información de la eternidad a través de cromosomas y, por lo tanto, contribuir al hecho de que un individuo humano consistirá o estará formado en células eternas y, en general, de la materia eterna.

Cada célula humana contiene 23 pares de cromosomas lineales. Cuando te concentras en los pares 18th y 19th de los cromosomas lineales, implementas la vida eterna de un individuo humano, incluyéndote a ti mismo. El vigésimo tercer par de cromosomas son dos cromosomas especiales: **X** y **Y.** Determinan el género de una persona. Las mujeres tienen el par de cromosomas **X - XX,** hombres **X** y **Y - XY.** Considere las siguientes series numéricas después de los cromosomas **X** y **Y: X Y 9847813194.** Cuando se percibe la serie, es posible sentir la dinámica de la información por el tipo de latido del corazón, y a través de esta información se puede entrar en contacto a través de tu pensamiento con un niño, que puede nacer pero no ha sido concebido todavía. La proyección de los acontecimientos futuros ocurre actualmente, y simultáneamente se puede percibir la acción de Dios por el nacimiento de un niño. Por lo tanto, puedes prepararte para el nacimiento de un niño, considerando las habilidades y metas individuales de un niño, y puedes darle rápidamente la información a un niño para asegurarle la vida eterna.

Desde un cierto período del desarrollo de la humanidad, cuando la vida eterna de las personas se convertirá en la norma, la provisión de vida eterna para el niño concebido se implementará inmediatamente a través de la acción de la conciencia colectiva. Antes de este período, es aconsejable transferir mentalmente la información que proporciona la vida eterna al futuro niño.

Cuando reúnes mentalmente un par de cromosomas **XX,** que determina el género femenino de un niño y un par de cromosomas **XY**, que define el género masculino de un niño, y luego visualizas la serie numérica **8888** a cierta distancia, entonces puedes percibir la información de Dios de que un ser humano es concebido como una persona eterna y para la vida eterna, que el amor crea la eternidad del mundo. Se puede entender a partir de la simple correlación de la información sobre la lógica: en términos de un equilibrio armonioso, la eternidad del mundo circundante está unida con el hombre eterno. Esto también se debe al hecho, que con la existencia de al menos un área de la eternidad, a la que se puede atribuir el mundo circundante, todas las demás áreas, incluyendo cualquier objeto, también se volverán eternas y, inicialmente, tendrán las características de la eternidad. La eternidad de Dios y del mundo significa que el tiempo del desarrollo es infinito. Está claro que la eternidad de la vida de una persona es alcanzable en el desarrollo infinito, y el rayo inverso del tiempo está presente en cualquier tiempo pasado. Es decir, la eternidad de la vida humana es alcanzable en cualquier momento.

Así, construido sobre la lógica de la evidencia de la accesibilidad de la vida eterna de acuerdo con el principio de correlatividad de los objetos de información unidireccionales, uno puede entender, que la información genética contiene todo, que es necesario para asegurar la vida eterna del hombre y de todas las personas.

La información genética está codificada en el ADN. Se trata de la estructura de varios biopolímeros - las moléculas, que componen las células humanas.

Estas moléculas de biopolímeros se pueden dividir en portadores de información del futuro, actual y pasado. Al utilizar la superestructura de la información en la forma del futuro eterno concentrándose en la serie **894781,**se puede lograr que esta superestructura determinaría el estado de la información actual, de modo que este estado organizaría eternamente la norma de salud y eventos para una persona.

Este método es bueno porque una concentración permite potenciar el mecanismo exacto de la vida eterna con muchos vínculos y al mismo tiempo este mecanismo funciona de forma autónoma. La síntesis de proteínas, cuya estructura depende del conjunto y del orden de los aminoácidos en ellas, se lleva a cabo precisamente sobre la base de la información codificada en el ADN. La secuencia numérica, que hace posible que la síntesis de proteínas sea eterna, es la siguiente: **28947138948**. El proceso de lectura de esta información (transcripción) se lleva a cabo por la síntesis de la molécula de información ARN (i-RNA) por la enzima-ARN polimerasa. La molécula de información ARN tiene una alta actividad, cuando son necesarios procesos de recuperación urgentes y, si es necesario obtener información sobre el mundo exterior. Para utilizar esta actividad, es necesario visualizar el ARN de la molécula de información en forma de dos esferas interceptadas de color blanco. Al visualizar los números **284312** en las superficies de estas esferas, se produce una rápida recuperación del organismo.

Para obtener información sobre el mundo exterior, se puede combinar mentalmente estas dos esferas que contienen la serie numérica **284312** con una esfera blanca, que tiene un registro en la superficie en forma de una serie numérica **598**. Esa es la forma en que puede protegerse de los eventos innecesarios y formar los eventos necesarios.

El hecho es que una cierta secuencia de tres nucleótidos (tripletes) en la molécula de ADN corresponde a cada aminoácido incluido en las proteínas. Mediante la fijación mental de la serie numérica **328648** en los trillizos, es posible asegurar los acontecimientos de la vida eterna con una gran reserva, cuando estos eventos, que aseguran la vida eterna, se implementan sin complicaciones. 64 triplete- codones se pueden hacer de los cuatro nucleótidos. Si se imagina el codón del triplete 65, entonces se puede ver, que el futuro infinito se controla en la dirección de alcanzar la vida eterna simplemente por el pensamiento y la percepción. El desarrollo del espíritu y del alma para asegurar la vida eterna va muy rápido en este caso.

Basta con combinar mentalmente el futuro infinito del hombre, incluyendo la vida eterna de un individuo, con 64 trillizos-codones a través del codón de 65 triplete visualizado, y haces que la información genética de una persona sea eterna, mientras le proporcionas la vida eterna y la protección contra las mutaciones en el tiempo. La secuencia de trillizos en la cadena de ADN se llama código genético. Al concentrarse en el campo de la información correspondiente al código genético en el espacio del pensamiento y simultáneamente en la serie numérica **591**, uno puede entender el proceso de creación del cuerpo físico de una persona por el Espíritu y el Alma, que, por supuesto, asegura la vida eterna para el hombre, que ha reconocido tal proceso y, como consecuencia, asegura la vida eterna a toda la humanidad.

Actualmente, los trillizos-codones para los veinte aminoácidos han sido decodificados científicamente. Varios trillizos pueden corresponder a un solo aminoácido, en otras palabras, la lectura de la información es extremadamente precisa y, en consecuencia, es posible crear con precisión el cuerpo físico de una persona, utilizando los principios establecidos en las concentraciones en los números, o las propias concentraciones (G— guanina, A – adenina, C – citosina, U – uracilo):

Glicina — GGA, GGG, GGU, GGC– 59164871898
Alanina — GCA, GCG, GCU, CCG – 31984121947
Serina— AGC, AGU, UCA, UCC, UCU, UCG – 89841421961

Treonina — ACA, ACG, ACU, ACC – 48864131981
Cisteína — UGU, UGC – 71879131841
Metionina — AUG AUG[A] – 51964131874
Valina — GUA, GUG, GUU, GUC – 36484178901

Leucina— UUA, UUG, CUU, CUC, CUA, CUG –59864878801

Isoleucina — AUA, AUU, AUC – 57464178139
Fenilalanina — UUU, UUC – 79906149851
Tirosina — UAU, UAC – 51864871906

Triptofano — UGG – 38806478132

Prolina — CCA, CCG, CCU, CCC – 54826124819
Histidina — CAU, CAC – 36171849842
Lisina - AAA, AAG – 58142168171
Arginina: AGA, AGG, CGC, CGA, CGU, CGG –39384831349

Ácido asparagina — GAU, GAC – 51964801964
Ácido glutamico — GAA, GAG – 45181121874
Asparagina — AAU, AAC – 39121981141
Glutamina — CAA y CAG – 39721849871

Mediante el uso de una informática potente, con la ayuda de la cual es posible producir la radiación de señales como las que una persona puede generar, la restauración de la materia humana se puede llevar a cabo en el futuro más cercano.

Enel futuro más cercano. La serie numérica registrada en este libro se puede utilizar para crear y operar dichos dispositivos. Sin embargo, siempre es importante que una persona sea capaz de hacer esto sólo a través de la aplicación de su propia consciencia.

Y estamos hablando de la restauración de la materia de un ser humano, concebido por otras personas.

La información para la síntesis de varias proteínas se puede codificar en una molécula de ADN. El elemento DNA, en el que se codifica una proteína, se llama gen. Al concentrarse en el área de información correspondiente al gen, y en el punto interno de la misma área de información, y luego en el número **898871,** uno puede asegurar la vida eterna con concentraciones aún no frecuentes. Los genes están separados en la cadena de ADN por trillizos especiales, que no corresponden a ningún aminoácido, pero son símbolos especiales, que significan el inicio y el final de la síntesis de proteínas-UGA, UAG, UAA.

La síntesis de proteína se lleva a cabo en los ribosomas. Puedes concentrarte en el área de la información, que corresponde al ribosoma en el espacio del Espíritu y el pensamiento, y en el área de la información, que está infinitamente alejada de ella. La serie numérica **48871931748** se puede visualizar entre estas dos áreas. Entonces uno puede entender el mecanismo de creación de la serie numérica, las concentraciones sobre las cuales proporcionan vida eterna para todos. Este mecanismo para la creación de secuencias se puede utilizar cuando se necesita urgentemente una serie para controlar la situación.

Mientras se mueven a lo largo del ARNm, «m: mensajero» los ribosomas leen el código de los trillizos y paso a paso unen los aminoácidos a la molécula de proteína, que está en construcción.

Los aminoácidos suministran ARN de transporte - **R**NAt a los ribosomas.

Muchas enzimas participan en la síntesis de proteínas, la energía se consume durante la síntesis. Es posible restaurar la energía mediante la serie numérica **49189.** Luego la proteína entra en los canales del retículo endoplasmático, en el que se transporta a ciertas partes de una célula.

Se requiere un proceso constante de mitosis para que un organismo crezca y funcione. Para que las nuevas células se correspondan plenamente con la estructura codificada en los genes, es necesario que el ADN se duplique antes de la división de las células (mitosis), y cada célula nueva obtenga su propio conjunto de moléculas de ADN.

Este proceso se denomina replicación de ADN.

La normalización de la replicación del ADN en la dirección de asegurar la vida eterna es producida por la serie numérica **6418498989.**

www.ingramcontent.com/pod-product-compliance
Lightning Source LLC
Chambersburg PA
CBHW080830220526
45467CB00008B/2246